新型职业农民培训系列教材

——农业机械系列

# 农产品加工机械应用与维护

智刚毅　齐　国　主　编

路进乐　副主编

中国农业大学出版社

·北京·

## 内容简介


本书内容包括农产品加工机械概述、粮食加工机械、油料加工机械、棉花加工机械、茶叶加工机械、薯类加工机械、饲料加工机械与果蔬加工机械等农产品加工机械构造常识、使用和维护保养方法。



**图书在版编目(CIP)数据**

农产品加工机械应用与维护/智刚毅,齐国主编,—北京:中国农业大学出版社,2013.12

ISBN 978-7-5655-0887-5

Ⅰ.①农… Ⅱ.①智…②齐… Ⅲ.①农副产品加工机-技术培训-教材 Ⅳ.①S226

中国版本图书馆 CIP 数据核字(2013)第 315536 号

| | | | |
|---|---|---|---|
| **书　　名** | 农产品加工机械应用与维护 | | |
| **作　　者** | 智刚毅　齐　国　主编 | | |
| **策划编辑** | 张　蕊　陈肖安　汪春林 | **责任编辑** | 张　蕊 |
| **封面设计** | 郑　川 | **责任校对** | 王晓凤　陈　莹 |
| **出版发行** | 中国农业大学出版社 | | |
| **社　　址** | 北京市海淀区圆明园西路 2 号 | **邮政编码** | 100193 |
| **电　　话** | 发行部 010-62818525,8625 | **读者服务部** | 010-62732336 |
| | 编辑部 010-62732617,2618 | **出　版　部** | 010-62733440 |
| **网　　址** | http://www.cau.edu.cn/caup | **e-mail** | cbsszs @ cau.edu.cn |
| **经　　销** | 新华书店 | | |
| **印　　刷** | 中煤涿州制图印刷厂 | | |
| **版　　次** | 2014 年 2 月第 1 版　2014 年 2 月第 1 次印刷 | | |
| **规　　格** | 850×1 168　32 开本　3.875 印张　95 千字 | | |
| **定　　价** | 10.00 元 | | |

# 编 写 人 员

主　编　智刚毅　齐　国

副主编　路进乐

参　编　张利强　李晓光　冯　剑　刘红立

# 前　言

农民是农业生产经营主体。开展农民教育培训，提高农民综合素质、生产技能和经营能力，是发展现代农业和建设社会主义新农村的重要举措。党中央、国务院高度重视农民教育培训工作，提出了“大力培育新型职业农民”的历史任务。为贯彻落实中央的战略部署，提高农民教育培训质量，同时也为各地培育新型职业农民提供基础保障——高质量教材，我们遵循农民教育培训的基本特点和规律，编写了《农产品加工机械应用与维护》培训教材。

《农产品加工机械应用与维护》是新型职业农民培训系列教材之一。该教材包括农产品加工机械概述、粮食加工机械、油料加工机械、棉花加工机械、茶叶加工机械、薯类加工机械、饲料加工机械与果蔬加工机械等农产品加工机械构造常识、使用和维护保养方法等内容，涵盖了农产品加工机械应用与维护的关键技术。内容通俗易懂，具有很强的针对性和实用性，既可作为农机服务组织及农副产品加工企业专业人员的培训教材，也可作为农机技术人员、管理人员与农业职业院校相关专业师生的学习参考用书。

本书由河北省科技工程学校智刚毅副校长、高级讲师，路进乐、张利强高级讲师、李晓光讲师和中央农业广播电视学校齐国副校长、副研究员冯剑，青海省乐都县农机管理站农机工程师刘红立共同编写，智刚毅、齐国担任主编，路进乐担任副主编。农业部科技教育司张景林和原农业部农民科技教育培训中心陈肖安等同志对教材内容进行了审定，在此一并表示感谢。

由于编者水平有限，加之时间仓促，教材中不妥和错误之处在所难免。衷心希望广大读者提出宝贵意见，以期进一步修订和完善。

编　者

2013 年 9 月

# 目　录

# 一、农产品加工机械概述

## (一)农产品加工机械功用

农产品加工机械是对收获后的农产品进行初加工,以及以某些农产品为原料进行深度加工的机械设备的总称。经初加工后的农产品便于储存、运输和销售,供直接消费或作为工业原料。不同农产品有不同的加工要求和加工特性,同一种农产品通过不同的加工过程可以得到不同的成品。

## (二)农产品加工机械分类

农产品加工机械,品种繁多,通常分为粮食加工机械、油料加工机械、棉花加工机械、茶叶加工机械、薯类加工机械、饲料加工机械和果蔬加工机械等大类。

1. 粮食加工机械

是指通过清理、脱壳、去皮或研磨、筛选等加工,使原粮成为不同等级成品粮的机械,主要包括砻谷机、碾米机、组合米机、碾米加工成套设备等碾米机械和磨粉机、面粉加工成套设备等磨粉机械。

2. 油料加工机械

是将油料作物或其他含油物料制成食用油或工业用油脂的机械,主要包括花生剥壳机、螺旋榨油机和液压榨油机等。

3. 棉花加工机械

是指用于籽棉清理、分离、棉籽剥绒的棉花加工机械,主要包括籽棉清理机、轧花机、皮棉清理机和剥绒机等。

4.茶叶加工机械

是指用于茶叶摊放、杀青、揉捻、干燥等加工的机械，主要包括茶叶杀青机、茶叶揉捻机、茶叶炒（烘）干机和茶叶筛选机等。

5.薯类加工机械

是指将红薯、马铃薯等薯类加工成薯干、淀粉、粉条等食品和工业原料的单机或联合加工的机械，主要包括淀粉加工成套设备、磨浆机和粉条（丝）机等。

6.饲料加工机械

是指将各种饲料原料加工成不同类型、规格饲料的机械，主要包括铡草机、饲料粉碎机、饲料混合机和饲料制粒机等。

7.果蔬加工机械

是指用于果蔬清洗、分级、打蜡等加工的机械，主要包括水果分级机、水果打蜡机、蔬菜清洗机和蔬菜分级机等。

## （三）农产品加工机械选购

选购农产品加工机械，应注意以下几方面。

1.用途

选购农产品加工机械，应根据用途、使用环境来确定机型。购机是露天使用还是室内环境使用，是自家用还是对外加工生产，对外加工生产还要考虑加工厂址、原料供应、加工规模、成本收益等因素。

2.经济能力

选购农产品加工机械时，既要考虑生产需要，又要考虑自身经济条件。一般来讲，功能单一的小型农产品加工机械售价较低，具有多种功能的联合加工机械，结构复杂，售价也高。同一种类产品要适当比较价格，如价格过低，这样的产品质量往往难以保证。

3.品牌、售后服务

购机前，应进行市场调查，可以走访当地用户，了解产品的使用情况，找经销商或生产厂家咨询产品的性能、销售、购机补贴等情况，货比三家后，选择购机品牌。正规企业生产的产品都有三包凭证，完善的三包服务是产品使用的有效保障，能解除用户的后顾之忧。因此，应尽量选购技术力量雄厚、产品质量稳定、售后服务有保障的名牌产品。

4. 购机检查

检查标识。包装箱上应有产品执行的标准代号等标识。铭牌上的产品名称、型号、主要技术参数、执行标准和生产企业的名称、地址、联系电话、邮编，以及产品出厂编号、出厂日期等应齐全。

检查证件。应有产品鉴定证、生产许可证、产品合格证和三包凭证等证章。经国家质量监督检验部门认可的企业生产的产品都贴有"农业机械推广鉴定证章"标志，其产品质量相对有保证。要特别注意有的企业有多种型号的产品，可能一种产品有证，其他型号无证，千万不要购买无证产品。

查看说明书。应检查说明书上生产企业地址要与其他证件一致。说明书应包括产品型号、名称、执行标准编号、安全警告内容、型号含义、主要适用范围、主要技术参数、使用操作、维修保养、故障排除等内容。

检查外观。整机外包装应牢固可靠无破损。一般来说，机器外观质量一定程度上反映出产品的内在质量。注意观察机器有无磕碰、损伤、脱漆及翻新迹象；各焊接部位焊缝是否平整、牢固；密封面有无滴漏油现象。

检查防护。国家强制性标准规定，机器可能产生危险的部位应有防护罩、警告标识。在选购时，一定要选择有可靠防护措施及设有警告标识的产品，确保使用安全，避免事故发生。

5. 试机运转

安装调试后应进行试机运转。一查启动性能，二查空运转状况。在正常工作转速下连续空运转 15 分钟以上，检查机器是否运行平稳，有无异常声音等情况，运转结束后检查有无三漏：漏油、漏水、漏电；各个轴承位置及传动箱是否有过热现象。三要实际操作，检查操作是否灵活方便、声音是否正常。

如果无法试机，可手动检查机器转动情况，检查转动件是否灵活，有无卡滞现象。

# 二、粮食加工机械

粮食加工机械是指通过清理、脱壳、去皮或研磨和筛选等加工，使原粮成为不同等级成品粮的机械。常用的粮食加工机械主要有稻谷加工机械和小麦制粉机械。

## （一）稻谷加工机械

稻谷加工机械主要用于把稻谷加工成大米。稻谷的加工方法有两种：一种是将稻谷直接用碾米机碾成白米，该方法设备简单，适应零星稻谷加工；另一种是先砻谷，即把稻谷的外壳脱去，稻谷变成糙米，然后再用碾米机碾成白米，该方法能加工出优质大米，具有出米率高和碎米率低的优点，但投资较大。

常用稻谷加工机械有砻谷机、碾米机和联合碾米机。

1. 砻谷机

砻谷机是将经过清理后的稻谷脱去颖壳，制成糙米的粮食加工机械，与碾米机配合使用。

> 现代营养学研究发现，糙米对于人的健康十分有益。糙米中米糠和胚芽部分所含丰富的维生素B和维生素E，能提高人体免疫功能，促进血液循环，还能帮助人们消除沮丧烦躁的情绪，使人充满活力；糙米中钾、镁、锌、铁、锰等微量元素含量较高，有利于预防心血管疾病和贫血症；它还保留了大量膳食纤维，可促进肠道有益菌增殖，加速肠道蠕动，软化粪便，预防便秘和肠癌，膳食纤维还能与胆汁中胆固醇结合，促进胆固醇的

排出，从而帮助高血脂症患者降低血脂；吃糙米对于糖尿病患者和肥胖者特别有益。

(1)如何选型

砻谷机类型较多，按结构和工作原理不同，砻谷机可分为胶辊砻谷机、砂盘砻谷机和离心砻谷机等。

胶辊式砻谷机具有结构紧凑、操作方便、脱壳率较高、安全可靠、产生碎米较少等优点。缺点是造价高，消耗橡胶多，对潮作物适应性差。

砂盘砻谷机利用一对上下平行配置的砂盘，使谷粒受到上下砂盘的压力、摩擦力、离心惯性力等的作用，使谷壳破裂脱壳。优点是糙米爆腰少，砂盘比胶辊耐磨，加工成本低；缺点是脱壳率较低，碎米较多。

离心砻谷机利用旋转甩料盘，使稻谷在离心力作用下受撞击而脱壳。该机结构简单，操作管理方便，动力消耗少，加工成本低，但碎米较多，出米率低。

目前大多数制米企业使用脱壳率高、碎米少的胶辊砻谷机。

(2)结构和工作过程

胶辊砻谷机由机架、风量调节器、风机、排糠管、调节淌板、出料口、进料口和一对胶辊组成，两胶辊之间的轧距可根据需要进行调节，如图1所示。

砻谷机工作时，胶辊做不等速相向旋转，将受压的稻谷两侧面的谷壳朝相反方向撕脱，砻下物自辊间下落，经内部各淌板，进入气流区域，借助气流作用将稻壳经排糠管吹走，糙米与未脱壳的稻谷(谷糙混合物)由出口排出机外。

(3)使用操作

①必须安装牢固，校好水平，各连接件要连接紧固，不得松动，并固定好地脚螺栓。

②两胶辊端面平齐，端面与墙板之间的间隙不能大于2毫米，

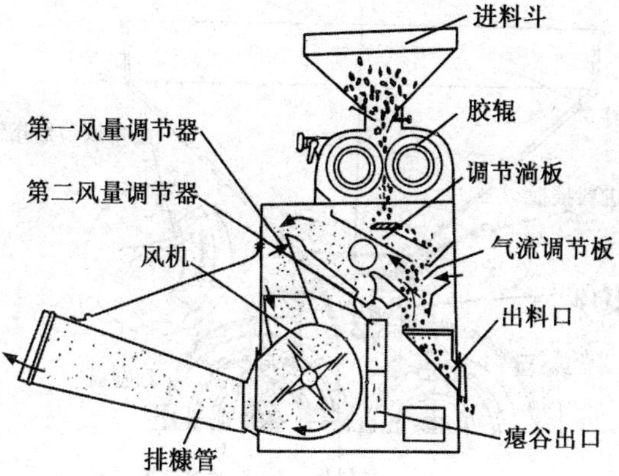


图 1　胶辊砻谷机结构

防止漏谷。

③进入砻谷机的稻谷，要首先经过清理，去除稻谷中的沙石、金属异物、杂草等杂质，以免损伤机器。

④启动前应检查：进料插板全关闭；快慢辊在离开位置；传动带松紧适宜，不得打滑；流量调节器指针在刻度 1～2；各风量调节器调到最小的位置；机内无存料。

⑤操作顺序：启动前检查→启动→加入稻谷→慢辊靠拢→拉开进料插板→初步调整流量→调节风量→检查各出口的物料（糙米、瘪谷、稻壳）→流量、轧距、风量的相应再调整。

⑥物料流量调节，如图 2 所示。逆时针转动流量调节手柄，物料流量增大，顺时针转动流量调节手柄，物料流量减小。开始工作时，可以将指针调到刻度“1”和“2”之间，然后根据具体情况，逐步调整。

⑦胶辊间距调节，如图 3 所示。离合器手柄可以使两胶辊快速离合，向上扳动时，慢辊离开快辊，向下扳动时，慢辊靠近快辊。调节手轮可以调节两辊之间的轧距，手轮顺时针方向旋转，轧距缩小，逆时针方向转，轧距增大。轧距的大小应根据稻谷的品种、粒

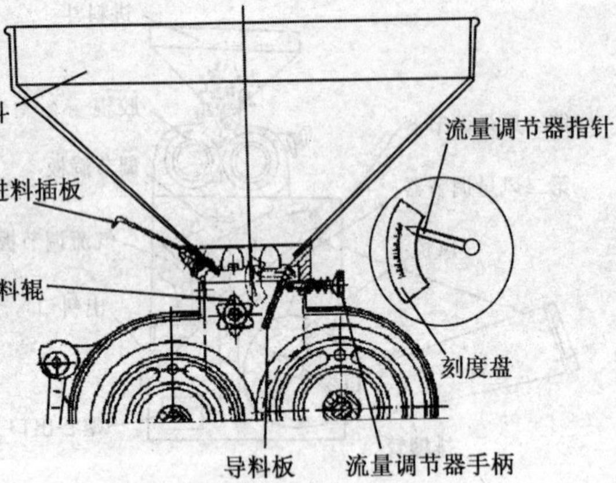


图 2　砻谷机物料流量调节

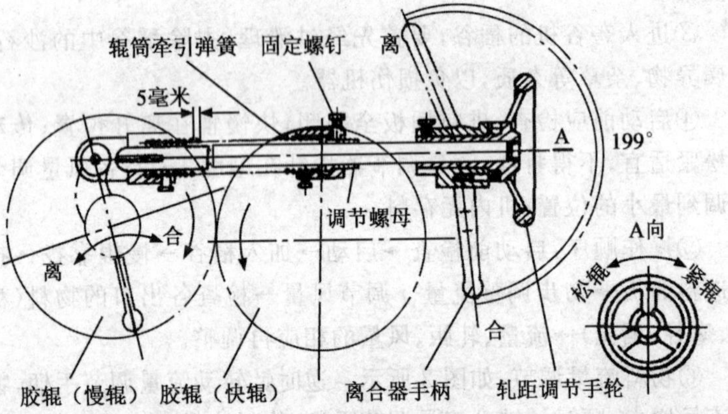


图 3　胶辊间距调节

度、含水情况等不同而有所差异，一般可掌握在 0.7 毫米左右，此时稻谷脱壳率可达 75%～85%。

⑧分离箱风力大小调节可通过调整第一、二风量调节器手柄来调整，手柄顺时针转动风力调小，逆时针方向转动风力调大。风

力调节应达到:排糠管排出的稻壳中不应有完整的粮粒;瘪谷出口排出物不应有完整的粮粒;谷糙混合物中不应含有稻壳。

(4)维护保养

①齿轮箱内应加入0.5～0.6升的齿轮油,第一次加油至运转100小时后应放出内部污油加入新油,以后每半年换油一次。

②滚动轴承处添加钙基润滑脂,每年更换一次。

③当胶辊磨损至一半左右时,快慢辊可对换使用。磨损严重时应更换新胶辊,并且两辊同时更换。胶辊不可接触油脂和腐蚀性物质,不可受日光暴晒,存放时应垂直放置于木板上。

④经常检查各淌板、缓冲橡胶板、传动齿轮等零件,发现有磨损,应立即检修或更换。

(5)故障排除

胶辊砻谷机常见故障及排除方法见表1。

**表1 胶辊砻谷机常见故障及排除方法**

| 故障现象 | 故障原因 | 排除方法 |
|---|---|---|
| 脱壳率低 | 1.两胶辊轧距过大<br>2.胶辊磨损严重<br>3.进料流量过大<br>4.稻谷过湿 | 1.调节两胶辊轧距<br>2.更换胶辊<br>3.适当控制进料流量<br>4.适当晾干稻谷 |
| 砻下物含碎米过多 | 1.辊间压力过大<br>2.胶辊线速差过大,脱壳率过高<br>3.回砻谷含糙米过多<br>4.原粮含水分过高或过于干燥 | 1.适当减轻压力<br>2.调节快慢辊线速<br>3.控制回砻谷糙米不超过10%<br>4.控制原粮水分和干燥程度 |
| 稻壳内含粮过多 | 1.出风量过大,风速过高<br>2.出料口堵塞 | 1.关小第一、二风量调节器开关<br>2.清理出料斗 |
| 砻下物含稻壳过多 | 1.出风量不够<br>2.稻壳分离淌板角度过大或后风门调节板过高或过低<br>3.风管漏风 | 1.调大第一、二风量调节开关,增大出风量<br>2.检查调整淌板角度或后风门调节板<br>3.加强风管密封 |

续表 1

| 故障现象 | 故障原因 | 排除方法 |
| --- | --- | --- |
| 砻谷机震动大 | 1. 固定螺栓松动<br>2. 胶辊不平衡<br>3. 胶辊轴承损坏<br>4. 传动皮带过紧或过松<br>5. 线速差太大 | 1. 检查紧固固定螺栓<br>2. 校正胶辊平衡<br>3. 更换损坏的轴承<br>4. 调整传动皮带松紧度<br>5 合理调整线速差 |

2. 碾米机

碾米是整个稻谷加工过程中非常重要的一个工序，它直接影响成品质量和出米率。利用机械作用力对糙米进行去皮碾白的机器称为碾米机。

糙米的皮层组织含有较多的粗纤维，直接食用糙米将妨碍人体的正常消化，同时，糙米的吸水性和膨胀性都比较差，食用品质不佳，如用糙米煮饭，不仅所需要的蒸煮时间长，出饭率低，而且颜色深，黏性差，口感不好。因此，必须将糙米表面的皮层部分或全部剥除，才能使其具有上佳的食用品质，而且能提高其商品价值。

(1)结构和工作过程

根据碾辊轴的安装形式，碾米机分为横式碾米机和立式碾米机两种。

①横式碾米机：WFN·14 型旋筛喷风碾米机是目前广泛应用的一种横式碾米机，主要由进料装置、碾白室、糠粞分离器、出料机构、喷风机构和机架等部分组成，如图 4 所示。

碾白室为悬臂结构形式，伸出在机架箱体之外。碾辊为偏心砂辊或铁辊，辊表面有两条宽 18 毫米、长 200 毫米的喷风槽。旋转六角筛筒由六角筛架、六根压筛条和平板筛组成。

出料机构出口压力调节采用压簧压力门，通过压簧螺母可以

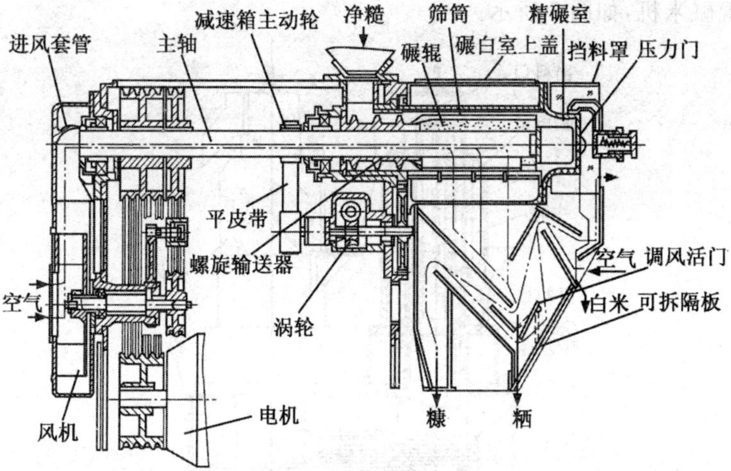


图 4　WFN·14 型旋筛喷风碾米机

调节压力门的压力。

碾白室下部有一糠粞分离室,利用风选原理将碾白室排出的糠粞混合物进行分离,并进一步吸除白米中的糠粉、降低米温。

喷风装置由风机、方接圆变形弯头套管和空心轴组成。风机吹出的气流由空心轴经轴面喷风孔喷出,再由砂辊表面的喷风槽喷入碾白室进行喷风碾米。

工作时,糙米经进料斗由螺旋输送器送入碾白室,在碾白室内米粒边推进边碾白。喷风砂辊上的凸筋和喷风槽以及六角旋筛使米粒翻滚运动较剧烈,米粒受碾机会多,碾白均匀。白米经出口排出碾白室后,再通过糠粞分离室进一步去除黏附在米粒表面的糠粉,米筛排出的糠粞混合物也进入糠粞分离室进行分离。

WFN·14 型旋筛喷风碾米机碾辊可砂、铁更换,工艺组合灵活性强,而且碾白效果及均匀性好。

②立式碾米机:立式碾米机结构主要由进料装置、碾白室、出料装置、传动机构、吸风系统及机架等组成。MNML 系列立式双

辊碾米机，如图 5 所示。

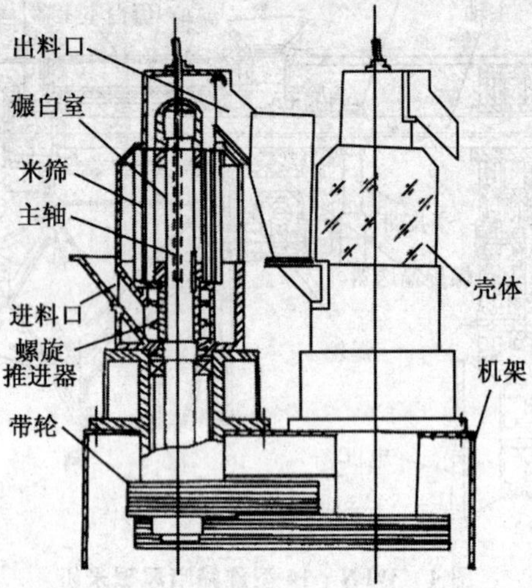


**图 5 立式双辊碾米机结构**

该碾米机机架上安装两套立式碾米装置，它们由一台电动机通过强力窄 V 形带驱动。每套碾米装置包括有进料机构、碾白室、壳体及出料机构等。

进料口位于碾白室的底部，装有流量控制插板；出料口设在碾白室的顶部，装有压力门装置，以调节碾白室内的碾白压力。

碾白室由螺旋推进器、碾米辊、主轴及六角形米筛等组成。主轴直立，采用悬臂支承，碾米辊位于上方，传动带轮在下方，碾米辊可根据工艺需要，分别配置砂辊、铁辊和抛光辊。当配置抛光辊时，则为 MPGL 型立式双辊抛光机。

碾白室外围是钢板和有机玻璃板组成的壳体。安装于机架内的一台高压风机引出两根吸风管，分别与两套碾米装置的壳体相连组成吸风系统，强烈的吸风起到吸糠和降低米温的作用。

工作时，物料依靠自重由进料口流入机器内，在螺旋推进器连续向上推力的作用下，被送到碾白室内，受碾白作用而脱去糠层，米糠穿过米筛由高压风机吸出机外，米粒则经过上端出料压力门排出，然后进入第二套碾米装置中完成上述工作过程。如果需要组成多机串联碾白工艺，排出的物料仍可依靠自重流入另一台立式碾米机中。

MNML 系列立式双辊碾米机，粮流自下而上，螺旋上升，不需增加提升设备便可灵活完成碾削、擦离、抛光等工艺，采用强拉风技术，米粒浮动形成流态化碾米，碾削轻缓均匀、破碎少、米温低、成品大米光洁、出米率高。该机一机二道，既可独立使用，又可组成多机轻碾，可加工不同精度等级的大米。

(2)使用操作

①使用前，应了解原粮情况和加工成品精度要求，选用适当厚度的压筛条、米筛、砂辊及其转速。当使用新辊筒加工低精度大米时，用较薄的压筛条(米刀)；当加工高精度大米时，应换新辊筒，如使用旧辊筒时，应使用较厚的米刀。

②检查砂辊、米筛、压筛条磨损情况，压筛条使用六个班后，应调头或上下调换使用；当碾白室间隙大于 15 毫米左右时，应更换新砂辊；检查传送带的松紧程度及辊筒的转向是否正确，转速是否恰当；检查紧固件是否拧紧，调节件是否灵活；进料斗中的筛网是否完好。完成以上检查后关闭进料闸门，启动碾米机。

③待空机运转正常后，进料斗中装满糙米，再开放进料闸门。调节流量和精度时，应注意电流表指针，防止超负荷运转。

④根据米粒的精度调节压力门压砣，调好后应将压砣固定。经常检查白米出口的积糠，检查米筛是否破损及白米含碎情况。生产中如发现异声、异味、碎米猛增等不正常现象时，应及时查明原因，予以排除。

⑤刚开机和停机时，最先流出和最后流出的米精度不匀，不符合标准，应回机重碾。

⑥停机时，应先关闭料门，待物料走空后再停机。

⑦采用多机碾白时，应注意各道碾米机的脱糠比例，及时对照各道碾米机的碾白程度。

⑧当加工高精度米时，除选用籽粒强度较高的原粮外，还可降低米机转速。当用粉质率较多的籼稻加工高精度米时，可采用降低转速，在碾白室前后各增加一把薄米刀，即低转速多米刀的加工方法，以缓和机内的冲击力，减少碎米。

(3)维护保养

①为保证碾米机运转平稳，减少震动，碾米机安装时必须校正水平，紧固地脚螺栓，碾辊使用前必须进行静平衡试验。

②砂辊表面不平，应用砂辊刮刀修整。修整砂辊时，应将槽底和槽边斫成圆弧形，以减少米粒损伤。斫修时，应防止砂辊接触地面而损坏砂面，斫敲要轻，斫刀要快，并保持槽型尺寸正确。

③碾辊装配时，每节辊筒的筋或槽必须对齐，衔接处要平整。铁辊装配时，应尽量与出料端的方箱靠紧，其最大间隙不超过 2 毫米，以防止嵌入米粒，造成碎米。新换铁辊应首先用于头道米机，待黑铁磨损后再换至二机或三机使用。砂辊装配时，应在碾辊与螺旋输送器之间、碾辊与碾辊之间，垫入 0.20～0.50 毫米厚的纸板，以防止砂辊松动、错位和损坏。

④砂辊如有裂纹应严禁使用。辊面如产生明显坑洼、缺落现象，应及时更换或修补。备用砂辊必须竖立存放干燥处，不得沾上油污。

⑤装配米筛时，要使米筛保持平整，避免两头高中间低或两头低中间高现象。米筛接头应采用平接，接头处的间隙不应大于 2 毫米，米筛使用 2～3 个班后，应前、后、左、右调换使用，以延长其使用寿命。新旧米筛可搭配使用，以提高排糠性能。

⑥碾白室内各机件装配处应保持平整光滑，不能有凹凸不平现象，压筛条和米刀均应保持平整，不能有锋利刀口，以防损伤

米粒。

⑦停机后，应经常检查砂辊、米刀、米筛等部件的磨损情况，若磨损严重，应及时检修、更换。

⑧轴承应定期加油，定期清洗，经常保持润滑。

(4)故障排除

①横式碾米机常见故障及排除方法见表2。

**表2　横式碾米机常见故障及排除方法**

| 故障现象 | 故障原因 | 排除方法 |
| --- | --- | --- |
| 产量显著下降 | 1.螺旋输送器严重磨损<br>2.碾辊严重磨损<br>3.螺钉松动或安装差错或因进料衬套产生转动，使碾白室进口截面减小<br>4.进料口积糠<br>5.螺旋输送器和碾辊松动 | 1.更换螺旋输送器(有的可调头使用)<br>2.调节米刀或加厚压筛条或更换碾辊<br>3.调整进料衬套<br>4.排除进料口积糠<br>5.停车装紧 |
| 成品含碎过多 | 1.碾辊与米刀间距过小<br>2.米筛连接不平整<br>3.螺旋输送器与砂辊接头不好<br>4.砂辊表面不平整<br>5.碾白室间隙过小<br>6.米机出口不通畅<br>7.出口压砣太重或出料门开启太小<br>8.机身震动<br>9.转速过高或过低 | 1.调节米刀与碾辊间距或更换薄米刀<br>2.调整米筛<br>3.调整螺旋输送器与碾辊或碾辊与碾辊的接头<br>4.用砂辊刮刀修平砂辊<br>5.调节间隙<br>6.排出米机出口积糠<br>7.减轻压砣或将压砣内移，合理开大出料门<br>8.检查零部件是否松动或损坏，砂辊是否偏重，并及时修整或调换<br>9.调整转速 |
| 单位电耗过高 | 1.压砣过重或外移量过大<br>2.砂辊严重磨损<br>3.出米口积糠过多<br>4.压筛条严重磨损<br>5.米筛阻塞、排糠不畅 | 1.适当减轻压砣重量或将压砣内移<br>2.更换砂辊<br>3.清理出米口<br>4.更换压筛条<br>5.停车排出积糠或更换筛孔较大的米筛 |

续表 2

| 故障现象 | 故障原因 | 排除方法 |
|---|---|---|
| 成品糙白不匀现象严重 | 1. 米刀、压筛条严重磨损<br>2. 拨料铁辊凸筋严重磨损<br>3. 砂辊严重磨损<br>4. 进料过少<br>5. 出口压力过小 | 1. 适当推进米刀或更换米刀<br>2. 调换拨料铁辊凸筋<br>3. 更换砂辊<br>4. 调整进料门<br>5. 关小出口闸门或调节压砣 |
| 成品含糠多 | 1. 擦米辊严重磨损<br>2. 碾白室间隙过大，米筛筛孔过小或堵塞<br>3. 净糙含谷过多 | 1. 更换擦米辊<br>2. 调整间隙，更换或清理米筛<br>3. 提高谷糙分离效率 |
| 碾白室堵塞 | 1. 进料流量过大<br>2. 压砣过重或外移量过大<br>3. 传动带过松、打滑<br>4. 擦米室进口被堵塞<br>5. 出口被米糠块堵塞<br>6. 原粮水分过高，排糠严重不畅 | 1. 适当降低流量<br>2. 减轻压砣或将压砣内移<br>3. 张紧传动带<br>4. 清除堵塞物<br>5. 排出出口积糠<br>6. 调换或上托米筛，加强排糠 |
| 擦米室堵塞 | 1. 传动带过松，打滑<br>2. 出米口被堵塞<br>3. 螺旋输送器严重磨损 | 1. 压紧传动带<br>2. 清除堵塞物<br>3. 更换螺旋输送器 |
| 流量突减 | 1. 进口断料<br>2. 压力门失灵<br>3. 米筛破损<br>4. 米筛托架断裂 | 1. 排出进口异物<br>2. 修整压力门<br>3. 更换米筛<br>4. 更换托架 |
| 产生异声异味 | 1. 碾辊松动或破裂<br>2. 碾米机内掉进异物<br>3. 轴承磨损<br>4. 紧固螺母松动<br>5. 轴承座磨损<br>6. 皮带打滑 | 1. 停机检查，拧紧或调换碾辊<br>2. 排出异物<br>3. 更换轴承<br>4. 拧紧螺母<br>5. 更换轴承座或嵌进轴套<br>6. 张紧皮带 |
| 机身震动大 | 1. 碾辊和皮带轮不平衡<br>2. 基础不牢，地脚螺栓松动<br>3. 轴承座螺丝松动 | 1. 调整平衡<br>2. 加固基础，拧紧螺母<br>3. 拧紧螺母 |

续表 2

| 故障现象 | 故障原因 | 排除方法 |
|---|---|---|
| 轴承座发烫 | 1. 传动三角带打滑<br>2. 轴承座内润滑油过多或过少<br>3. 轴承损坏<br>4. 皮带过紧<br>5. 润滑油内有杂质 | 1. 张紧三角带<br>2. 减少或增加润滑油<br>3. 更换轴承<br>4. 调整皮带松紧<br>5. 更换润滑油 |
| 开车时出口无料 | 1. 碾辊反转<br>2. 进口堵塞 | 1. 电动机两相电线接头互换<br>2. 排除阻塞 |

②MNML 立式碾米机的常见故障及排除方法见表 3。

**表 3　MNML 立式双辊碾米机的常见故障及排除方法**

| 故障现象 | 故障原因 | 排除方法 |
|---|---|---|
| 破碎率过高 | 1. 原粮水分过高或过低<br>2. 碾白室间隙过小<br>3. 筛孔尺寸太大<br>4. 产量未达额定值<br>5. 吸风量不够<br>6. 碾白室内零件有尖角毛刺 | 1. 控制原粮含水率<br>2. 换装压筛条或米筛托架<br>3. 选用筛孔宽度为 0.9～1 毫米的米筛<br>4. 调节进料闸板及压砣，换装拨料辊<br>5. 调整风量<br>6. 消除尖角毛刺 |
| 振动过大 | 1. 紧固件松动<br>2. 辊筒、推进器、拨料辊不平衡<br>3. 轴承磨损使间隙过大<br>4. 基础不平使机座支点悬空 | 1. 紧固各连接部位<br>2. 校正平衡<br>3. 更换轴承<br>4. 垫平机座 |
| 负荷过大 | 1. 拨料辊磨损<br>2. 压筛条过多<br>3. 压力门转动不灵<br>4. 米辊筋或槽过度磨损<br>5. 瓦筛孔堵塞 | 1. 更换拨料辊<br>2. 减少六角筛压条<br>3. 消除卡滞部位<br>4. 更换或修磨<br>5. 清理干净 |
| 精度下降或白度不够 | 1. 压筛条磨损<br>2. 辊筒磨损<br>3. 产量过大，机内压力过小<br>4. 皮带打滑<br>5. 着水量不足 | 1. 更换<br>2. 更换<br>3. 调节进料量及压力砣<br>4. 张紧皮带<br>5. 增加着水量 |

续表 3

| 故障现象 | 故障原因 | 排除方法 |
| --- | --- | --- |
| 产量太小 | 1. 米辊及推进器严重磨损<br>2. 吸风量不够<br>3. 皮带打滑<br>4. 机内料口及风网积糠堵塞 | 1. 更换<br>2. 调整风量<br>3. 张紧皮带<br>4. 清除积糠 |

3. 组合米机

组合米机是从稻谷的清理、砻谷、谷糙分离、碾米、抛光直到白米分级、色选等连续性生产的加工设备。NZJ-15 型组合米机是一种常用的组合米机。

NZJ-15 型组合米机能一次完成筛理、去石、砻谷、选糙、碾米加工过程，日产标准大米达 15 吨。该机组结构紧凑、安装简单、操作方便，出米率高、碎米率低，是一种比较理想的稻谷加工机械。

(1)基本结构

NZJ-15 型组合米机由清理筛、去石机、砻谷机、重力筛、碾米机、提升机、电器控制箱和风机系统构成，如图 6 所示。

清理筛是由筛体、摇杆、偏心传动机构等构成，用于清除原稻中的大小杂质。

去石机由鱼鳞板、蜗壳、叶轮和偏心机构等构成，用于清除原稻中的并肩石。

砻谷机由输料机构、胶辊、轧距调节机构、传动机构和谷壳分离机构成，用于将稻谷脱壳并使谷壳和瘪谷从谷糙混合物中分离出去。

重力筛主要由进料机构、箱体机构、偏心传动机构和支承机构四个部分组成。

碾米机由输料机构、碾米室、高压风机、传动机构等组成，用于将糙米加工成各种精度的白米。

提升机由底座、上座、顶盖、机筒输送带和传动机构等组成，用于输送加工原料。

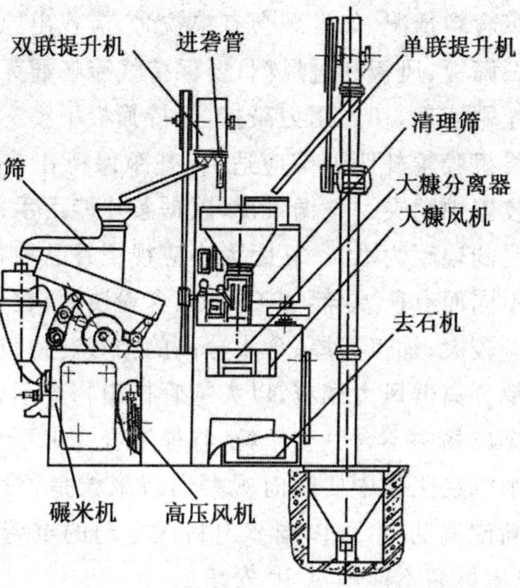


**图6 NZJ-15型组合米机结构**

风机系统是由风机和管道组成，用于清除原粮中的灰尘和轻杂。

(2)使用操作

①启动前应检查各部位装置是否正常，各连接处有无松动现象；检查各皮带轮运转是否灵活，有无碰擦现象；筛面的筛孔、各进料口、出料口管道是否有阻塞现象；闸门是否关闭。

②注意启动、停机顺序。当各部位情况正常之后，方可起动，起动顺序为风机、提升机、清理机、去石机，再拉开进料闸门，然后起动砻谷机、谷糙分离机、碾米机。注意先作短时间空车运转，当设备运转平稳和正常后方可进行加工。

当加工完毕后，先关闭进料闸门，再依次关闭清理机、去石机、砻谷机、谷糙分离机、碾米机、提升机和风机。

③随时检查筛面，发现筛孔堵塞，应及时用长板刷进行清除，不得用铁条或硬物敲打筛面，发现筛面破裂应及时更换；经常检查

底层筛面下含粮情况，如发现含有粮粒时，应找出原因及时纠正。

④去石筛板、风板和进风门，要保持气流畅通无阻。如筛孔堵塞可用钢丝刷清理，切勿用力敲打，保持筛板平整。

⑤砻谷机胶辊轧距调节应适当（轧距保持在0.5～0.8毫米，通常以两胶辊中间夹一条锯条片，以锯条片能用手拉动，放手时锯条片不掉时的辊距为准）。轧距大小应视稻谷品种粒度大小、含水分情况的不同而有所差异：加工壳薄、含粉质多、粒度大、水分低的稻谷轧距应较大；加工壳厚、含水分高的稻谷轧距应较小。

⑥大糠分离器风力调节，以大糠管排出物中不含完整粮粒，瘪谷出口的排出物中不含完整粮粒，谷糙混合物中不含有稻壳为准。

⑦碾米机在工作中要随时观察出口米粒是否达到精度要求，当精度偏高或偏低时，可以调节出料压力门的重磅或少量调节米刀，注意电流最高不能超过30安培。

⑧碾米过程中，应随时观察和检查白米精度是否均匀，碎米是否增加，米糠中是否有整米，产量是否稳定，发现问题找出原因并及时解决。

(3)故障排除

组合米机常见故障及排除方法见表4。

**表4　组合米机常见故障及排除方法**

| 故障现象 | 故障原因 | 排除方法 |
|---|---|---|
| 砻谷机发热 | 胶辊间隙不对 | 调整胶辊和左右衬板间隙至1毫米 |
| 砻谷机有噪声或齿轮卡死 | 1.齿轮箱缺油<br>2.轴承损坏<br>3.齿轮损坏 | 1.加注润滑油<br>2.更换轴承<br>3.更换齿轮 |
| 砻谷机脱壳率达不到要求 | 1.杂物进入砻谷机，摆架支承破裂<br>2.左右衬板磨损，间隙过大<br>3.胶辊磨损过大 | 1.拆除齿轮箱更换摆架<br>2.更换左右衬板<br>3.更换胶辊 |
| 胶辊卡死 | 进料过多 | 拆除砻谷机盖板，清除谷物 |

续表4

| 故障现象 | 故障原因 | 排除方法 |
| --- | --- | --- |
| 张紧轮掉皮带 | 1.机身侧板不平<br>2.皮带过松 | 1.调整侧板角度<br>2.调整张紧轮角度,张紧皮带 |
| 机器振动 | 1.碾米机紧固件松动<br>2.轴承损坏<br>3.米筛架组合件脱焊 | 1.检查拧紧螺钉<br>2.更换轴承<br>3.焊接好米筛架组合件 |
| 电机超载嗡叫发热柴油机冒黑烟或咬死 | 1.电机功率不足<br>2.原粮不干燥<br>3.出米口压力太大<br>4.进料过多<br>5.柴油机有故障或马力不足 | 1.更换大功率电机<br>2.晒干原粮<br>3.减小出米口压力<br>4.控制进料<br>5.维修或更换柴油机 |
| 筛片破损 | 1.石块或金属物进入机内<br>2.使用过久 | 1.清理原粮,并更换筛片<br>2.定时更换筛片 |
| 碾米机堵塞 | 1.草秆将机器进口堵塞<br>2.糠将出米嘴或碾白室堵塞 | 1.清理机器及进口原粮<br>2理出米嘴和碾白室,晒干原粮 |
| 碎米多出米率低 | 1.辊筒及输送头有毛刺<br>2.辊筒磨损后使碾白室间隙增大,而不得不加大碾白室内压力和阻力所造成<br>3.碾米机转速过高<br>4.出口压力过大<br>5.出米嘴舌板没有装平 | 1.去除辊筒及输送头毛刺<br>2.更换新辊筒<br>3.参照使用说明书调整转速<br>4.减小出口压力<br>5.检查舌板调平 |
| 米温高 | 1.高压风机异物堵塞<br>2.碾白室内压力太大<br>3.原粮潮湿 | 1.清除高压风机异物<br>2.减少出口压力<br>3.晒干原粮 |
| 糠中有米 | 1.筛片破损<br>2.出米嘴吸风口风力太大 | 1.更换新米筛<br>2.调节细糠室侧板上风口 |
| 米中有糠 | 1.流量太大,吸风失效<br>2.分离器抛料板调节不当<br>3.出米嘴调节板没调好 | 1.适当减小流量<br>2.调节好分离器抛料板和中间调节板<br>3.调节好出米嘴每层调节板,使其达到最佳效果 |

续表 4

| 故障现象 | 故障原因 | 排除方法 |
|---|---|---|
| 米中有稻谷 | 1.出米口压力太小<br>2.砻谷机脱壳率达不到要求 | 1.加大出米口压力，但压力太大，则出米率低，一般不超过5粒/千克为宜<br>2.调整胶辊左右衬板间隙或进行二次脱壳 |
| 出口轴承座轴承破损 | 轴承座内进入糠土 | 1.更换轴承<br>2.更换或调整好油封，使之密封，不让糠土进入轴承内<br>3.将轴承内加满润滑脂 |
| 主轴卡死 | 进料太多 | 1.停机，打开出米嘴的压力门，用人工转动主轴，排出多余料<br>2.减小出米口的压力 |

## (二)小麦磨粉机械

小麦磨粉机械用于把小麦、玉米、高粱、大米等粮食加工成面粉，作为制成其他各种食品的原料。

1.选型

小型磨粉机分为圆盘式磨粉机(俗称钢磨)、对辊式磨粉机和锥形磨粉机等。

①圆盘式磨粉机结构简单，使用方便，不仅能加工小麦、玉米，还可以加工高粱、豆类、薯类、药材等多种农产品，可一机多用。

②对辊式磨粉机主要用于加工小麦，与圆盘式磨粉机相比，其结构紧凑，生产效率高，磨粉质量好，能量消耗少，适用于乡镇小型加工厂使用。

③锥式磨粉机与圆盘式磨粉机相似，能加工多种粮食，机构简单，是一种小型磨粉机具。

④小麦零散加工多用圆盘式磨粉机和对辊式磨粉机，面粉加工企业使用面粉加工成套设备。

2. 圆盘式磨粉机

(1)结构和工作过程

圆盘式磨粉机主要由磨粉和筛粉两大部分组成，如图 7 所示。

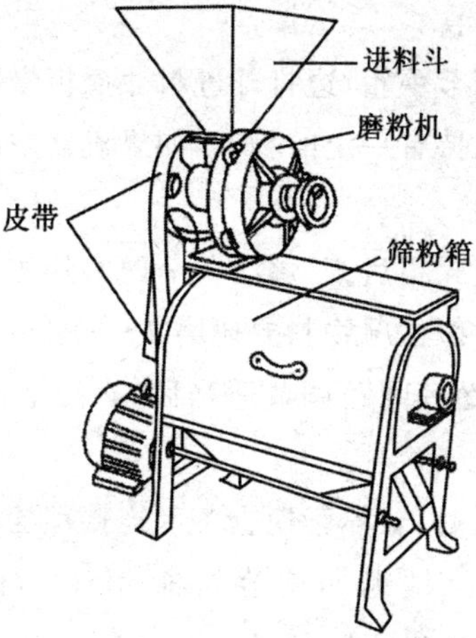


图 7　圆盘式磨粉机

磨粉时，物料由进料斗流入机内，粉碎齿轮和粉碎齿套进行初步粉碎，在动、静磨片间受到挤压和研磨，而磨片表面的细齿又大大增强了对物料的挤压和研磨作用。物料被研磨成细粉进入筛粉箱过筛，面粉通过绢孔进入接面斗内，麸皮则由风叶输送到出麸斗。

(2)使用操作

①使用前检查：电源、电机是否接线正确；各连接螺栓是否紧固牢靠，装配是否正确，润滑是否良好；传动皮带的张紧程度是否适宜；用手转动主轴皮带轮，是否转动灵活与平稳；调节丝杆是否进退自如，弹簧能否把动磨片及时弹回；筛绢是否压紧，圆筛风叶是否碰撞或远离筛框，风叶与筛面应有 5～7 毫米距离。

②试运转时，要观察旋转方向是否正确，声音是否正常，若有异常响声，应立即停车检查。

③新磨粉机或新更换磨片的机器，应先用少量麸皮试磨 1～2 遍后再正式加工粮食。

④工作时边调节手轮，边打开进料斗插板慢慢加进物料。

⑤进料斗要保持有一定的物料，如果机器空磨，会使两磨片直接接触而严重磨损。

⑥加工物料应先粗后细，逐渐调节两磨片的间距，进料斗插板也应逐渐开大。一般情况物料要研磨 4～6 遍。

⑦每次动、静磨片间距调节适当后，必须把锁紧螺母拧紧，以防松动。

⑧工作 1 小时后，要停车检查各部连接螺栓是否松动。

⑨停机前，应立即退回调节丝杆，使动、静磨片及时脱开。每次结束工作时，机器应空转 2～3 分钟，以使圆筛内物料清除干净。

(3)维护保养

①每班工作结束后，应清扫机器，清除粉尘，检查各部分连接螺栓是否松动。

②工作 2～3 个月后各部分轴承要加注黄油。

③每班工作前，应在调节丝杆头部涂上黄油。

④定期检查调节丝杆进退是否灵活，压力弹簧对动磨片是否有压力，否则要更换弹簧和珠轴。

⑤磨片磨损影响出粉时，可把它们翻过来并互换位置后，继续使用。若两面均已磨损，则更换新磨片。一般情况，一副磨片可加工 10 000 千克小麦。

(4)故障排除

圆盘式磨粉机常见故障及排除方法见表 5。

**表 5　圆盘式磨粉机常见故障及排除方法**

| 故障现象 | 故障原因 | 排除方法 |
|---|---|---|
| 试车不出面 | 主轴旋转方向不对 | 按说明书重新接线 |
| 生产率低 | 1. 主轴低于额定转速<br>2. 动力不足<br>3. 磨片间隙过小<br>4. 磨片磨损 | 1. 调整至额定转速<br>2. 配备更大动力<br>3. 调整磨片间距<br>4. 更换磨片 |
| 出面口有麸渣 | 筛绢有破口或绢框未压紧 | 修补筛绢或压紧绢框 |
| 麸渣内面粉较多 | 1. 物料过湿糊住筛绢孔<br>2. 进料流量大<br>3. 风叶螺旋角度过大 | 1. 晒干物料并清扫筛绢<br>2. 调整进料流量<br>3. 适当调小螺旋角 |
| 筛绢突然破裂 | 1. 流量突然加大<br>2. 物料中混有石块或硬物<br>3. 进料斗插板没关就加料 | 1. 控制流量均匀加料<br>2. 清除物料中的石块或杂物<br>3. 关好插板再进料 |
| 面粉温度高 | 1. 转速超过额定转速<br>2. 进料多、负荷大<br>3. 磨片间距过小<br>4. 物料太湿 | 1. 在额定转速下工作<br>2. 减少进料<br>3. 适当松开调节手柄<br>4. 晒干物料 |
| 两磨片空磨 | 弹簧折断失效 | 更换新弹簧 |
| 麸渣出的太少 | 1. 风叶螺旋角太小<br>2. 叶轮顶丝活动 | 1. 调整螺旋角至 3°～5°<br>2. 紧固顶丝 |
| 轴承转动不灵活温度高 | 1. 轴承里较脏<br>2. 轴承盖毛毡磨损失效 | 1. 拆下轴承清洗<br>2. 更换毛毡 |
| 机器震动严重或有杂音 | 1. 机座不稳<br>2. 连接螺栓松动<br>3. 物料杂质多<br>4. 轴承磨损或损坏<br>5. 动、静两磨片不同心<br>6. 主轴旋转方向不对 | 1. 紧固机座螺栓<br>2. 紧固连接螺栓<br>3. 清除物料杂质<br>4. 更换轴承<br>5. 调整动、静磨片同心度<br>6. 调整主轴旋转方向 |

3.对辊式磨粉机

6FY-35型对辊式磨粉机是应用较为广泛的机型。其动力小、能耗低、性能稳定可靠。

(1)结构和工作过程

6FY-35型对辊式磨粉机由料斗、分流辊、磨辊、圆筛和风运系统等组成,如图8所示。

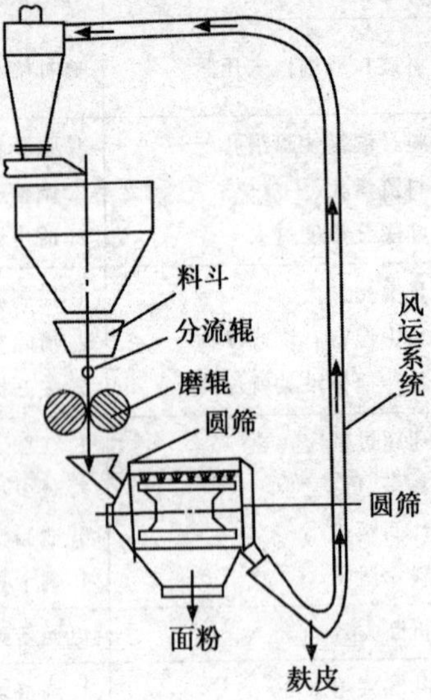


图8　6FY-35型对辊磨粉机结构

工作时,物料经人工或自动上料装置装入料斗,由分流辊喂入快慢辊之间,物料一方面受到快慢辊的挤压;另一方面由于快慢辊的转速不同,物料在两辊之间受剪切,研磨成粉,被研磨的物料进入圆筛进行清理,面粉由人工装袋,麸渣经风运系统又返回料斗,进行下道研磨。

(2)安装调试

①用四个地脚螺栓固定在水泥基座上,调整各部分传动皮带

的位置与松紧，紧固各部分连接螺栓。

②磨辊安装时，注意其齿形排列，如图 9 所示。

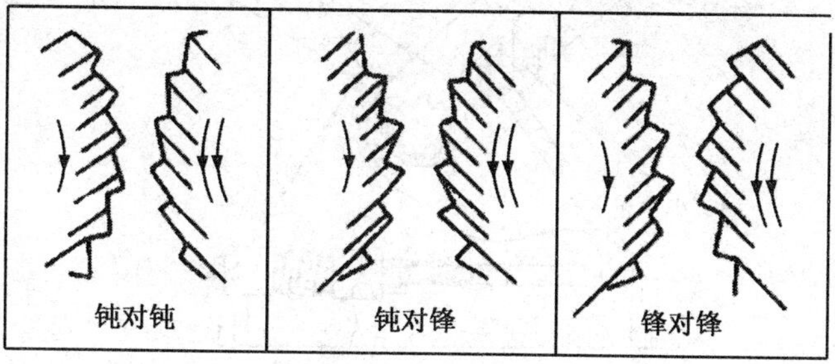


**图 9　磨辊齿形排列**

新拉丝的磨辊齿形排列为钝对钝，使用一段时间之后，由于磨齿磨损导致生产率有所下降时，可将慢辊调头，使磨齿呈钝对锋排列，就可继续使用。当磨齿进一步磨损时，可将快辊调头，使齿形排列为锋对锋。当磨辊齿尖严重磨损时，应重新拉丝。

③调节磨辊的间隙。调节方法：调节磨辊压簧，使弹簧压缩 8～10 毫米，并让两根压簧的压力保持一致，观察两磨辊的间隙是否一致，也可取一定宽度的薄纸条喂入两磨辊之间，转动流量调节手轮使两磨辊接触，用手转动皮带轮，仔细观察纸条被两磨辊轧的痕迹是否均匀一致。如果痕迹不均匀，可以通过调整弹簧的压力来调节。

(3)使用操作

①启动风机，待运转正常后，将物料徐徐倒入料斗。

②启动主电机，待运转正常后，将控制手柄缓慢推至工作位置。

③旋动流量调节小手轮，流量调节合适后将锁紧螺母锁紧，如图 10 所示。

④工作过程中要注意机器运行情况，如有异常，应及时检查。

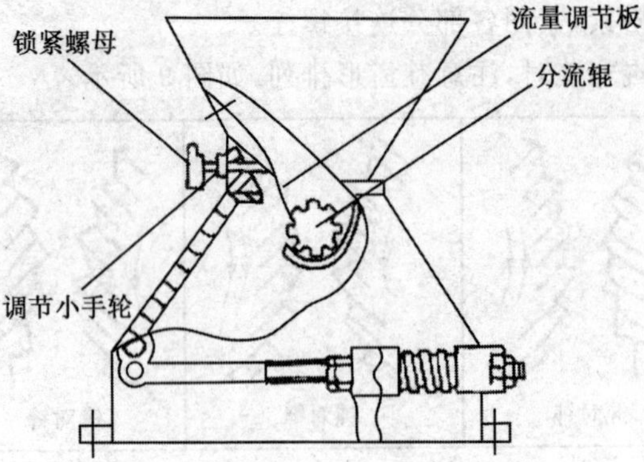


**图 10　对辊式磨粉机流量调节**

(4)维修保养

①工作结束后,将机内存渣清除干净,并打开磨门和磨窗通风,使机内热气散去。同时让圆筛继续工作几分钟,以免有过多的面粉和麸渣积存筛内。

②检查各部位连接螺栓是否松动。

③对滑动轴承应每 4～5 小时注油一次,滚动轴承每 2～3 个月加注润滑脂。

④筛选机构使用一段时间之后,筛绢会变松,需适时调整筛绢紧度。

(5)故障排除

对辊式磨粉机常见故障及排除方法见表 6。

4. 面粉加工成套设备

面粉加工成套设备由清洗、润麦、磨粉、筛分和风送等装置组成,适用于农村、乡镇和粮食市场等中小型面粉加工企业。6FTS-16 型面粉加工成套设备操作简单,出粉质量好,电耗低,产量高,应用较多,如图 11 所示。

**表 6　对辊式磨粉机常见故障及排除方法**

| 故障现象 | 故障原因 | 排除方法 |
|---|---|---|
| 生产效率低 | 1.流量小<br>2.皮带打滑<br>3.磨辊间隙不一致<br>4.磨辊齿形磨平<br>5.箩底太松或毛刷损坏 | 1.调节流量调节手轮，增大流量<br>2.调整皮带松紧度<br>3.调整拉杆螺母，使磨辊两端间隙一致<br>4.磨辊重新拉丝<br>5.拧紧箩底或调整毛刷 |
| 面粉粗或不白 | 1.筛绢(箩底)粗或者破损<br>2.磨辊间隙太小<br>3.磨辊拉丝角度不对<br>4.磨辊硬度低 | 1.更换筛绢<br>2.调大磨辊间隙<br>3.重新拉丝，拉丝角度为 35°～65°<br>4.更换硬度合格磨辊 |
| 轴承发热或异响 | 1.轴承内有赃物<br>2.轴承磨损严重<br>3.轴承预紧度过大 | 1.清洗轴承，并加注新油<br>2.更换新轴承<br>3.调整轴承预紧度 |

**图 11　6FTS-16 型面粉加工成套设备**

(1)主要结构

6FTS-16 型面粉加工成套设备是日产 15～18 吨标准粉的小型面粉加工成套设备，全套设备总动力为 38.55 千瓦，结构紧凑，操作方便，适于乡镇企业和农村专业户使用。其主要结构由清理和制粉两部分组成。

清理部分包括碾麦机、振动筛、去石洗麦机和润麦仓等。碾麦机碾辊不断地转动，将小麦表面的麦糠及杂质清除。碾后的小麦流入振动筛，通过三层筛面的筛理，分别清除大杂、小杂和轻杂。清理后的小麦流入去石洗麦机，经水流进一步去除小麦表面尘土、砂石，再进入甩干塔，除去小麦表面的水分，接着流入润麦仓。小麦在润麦仓通过 8～16 小时的水分调质，以利于研磨。

制粉部分包括磨粉机、刷麸机等。磨粉机是面粉加工成套设备的核心部分，通过它将麦粒破碎，刮净麸皮上的胚乳，把小麦研磨加工成面粉。刷麸机使黏附在麸片上的粉粒被打下，穿过筛筒，经出粉口排出机外，而麸片则被打板送往出麸口排出。

(2)使用操作

①使用前调整两皮带轮端面在同一平面内，检查各管道部件接头处必须连接严密，不得有跑、冒、滴、漏现象。

②组合清理筛每厘米筛面宽度的流量 1.2～1.4 吨/天，精选筛面上流层厚度不超过 1.2 厘米。在麦筛分出的杂质中，正常完整粒不应超过 1%。

③经过洗麦机后，小麦中的砂石的含量应在 0.03%以下，小麦的灰分应降低 0.02%～0.04%。

④在整个制粉工序各系统的操作上，按照前路出粉的原则，提高前路出粉量，减轻后路负荷，从而提高产量和出粉率。

⑤按要求顺序启动后，空车运行 3～5 分钟，方可投入负荷运行。

⑥各设备负荷运转正常后，及时对麸皮、出粉率、面粉质量、产量、电器和风力运送部分等进行检查，看是否正常，必要时停机调整。

(3)维护保养

①按各设备说明书规定的方法对设备进行润滑和保养。

②每周对全系统进行一次全面的保养和检查：重点检查各连接螺栓有无松动；各润滑部分加足新油；更换损坏或严重磨损的零

件;检查供电及电器控制部分各连接螺栓是否紧固;清理各设备及管路中的沉积粉尘等。

③调整传动带松紧,更换破损的传动带。

④每班工作对磨粉机流量、轧距、风筛提粉器中毛刷与筛面间隙、刷麸机刷帚与筛面间隙等进行调整,对损坏的零部件及时维修或更换。

(4)故障排除

面粉加工成套设备常见故障及排除方法见表7。

表7 面粉加工成套设备常见故障及排除方法

| 故障现象 | 故障原因 | 排除方法 |
| --- | --- | --- |
| 出粉率低 | 小麦原料质量差,红皮麦多 | 注意小麦搭配 |
| | 下脚料中有麦粒损耗大 | 回收下脚料中麦粒 |
| | 入磨小麦水分大,麸皮难刮净,物料难筛理 | 降低水分含量 |
| | 入磨小麦水分小,麸皮易碎,粉质次 | 提高水分 |
| | 前路出粉率低,后路麸皮剥刮不净,流量不平衡 | 掌握流量平衡 |
| | 磨辊精度低,有凹腰、凸肚、椭圆,磨辊研磨效率低,磨齿角度不对 | 保证磨辊精度,严格按规定拉丝 |
| | 润麦时间不够,水分调节不好 | 保证润麦时间 |
| | 提粉器毛刷与筛绢间隙大,刷麸机毛刷与筛绢间隙大,筛理不净 | 调整毛刷 |
| | 磨辊与壁板间隙大,磨辊两端漏料 | 调整壁板 |
| | 各工位跑漏浪费大,管理混乱 | 堵塞漏洞及时收回各种物料 |
| | 磨机剥刮率、出粉率低流量不平衡 | 控制流量平衡 |
| | 1.磨辊磨齿用钝<br>2.磨辊拉丝角度不对<br>3.磨辊精度低 | 1.磨辊重新拉丝<br>2.按照样板磨刀<br>3.拉丝前磨刀 |
| | 筛绢配备太密,毛刷与筛面间隙大,筛理效率低 | 按规定配备筛绢,调整毛刷与筛面间隙 |
| | 磨粉机研磨效率低,喂料不均匀 | 调节料流均匀 |

续表7

| 故障现象 | 故障原因 | 排除方法 |
| --- | --- | --- |
| 面粉牙糁 | 小麦含杂多 | 控制小麦质量 |
| | 麦筛筛孔堵塞,洗麦机洗程短,清理设备不正常 | 及时清理筛面 |
| | 去石机工作不正常,流量过大 | 调整去石机风机风门控制流量 |
| 麸皮含粉多 | 水分过高(过低)、润麦时间短 | 调节水分,保证润麦时间 |
| | 前路皮磨刮粉率低 | 更换磨辊,加强操作管理 |
| | 心磨及后路皮磨刮粉率低 | |
| 粗细度不合格 | 小麦水分低,润麦时间短 | 调节小麦水分,保证润麦时间 |
| | 磨辊排列不正确,磨齿角度不合要求 | 调整磨辊,按要求拉丝 |
| | 提粉器流量不足 | 调整提粉器流量 |
| | 毛刷与筛面间隙小 | 调整其间隙 |
| | 筛绢太粗 | 按要求配备筛绢 |
| 面粉色差 | 红硬小麦多;入磨小麦含杂多;病害腐烂小麦多 | 控制小麦质量 |
| | 小麦水分小,麸皮易碎 | 调节入磨小麦水分 |
| | 后路皮磨过紧,麸皮易碎 | 掌握流量平衡 |
| | 磨辊磨齿角度不合要求,磨辊排列不对 | 按要求拉丝,调整磨辊 |
| | 提粉器毛刷与筛面间隙小;刷麸机毛刷与筛面间隙小 | 调整毛刷与筛面间隙 |
| 面筋质低 | 软质小麦比例大 | 考虑小麦搭配 |
| | 小麦发芽,虫粒多,受热腐烂粒多,小麦含其他粮粒 | 控制小麦质量 |
| | 磨口操作过紧,磨辊钝 | 注意控制取粉率,磨辊重新拉丝 |
| 面粉水分不合格 | 入磨水分不合格 | 注意水分调节 |
| | 磨口过紧,水分消耗大 | 注意操作间隙 |
| 面粉磁性金属含量高 | 磁性金属含量高 | 加强清理(可设置磁铁) |
| | 机械内表面及管路内发生锈蚀 | 清除锈蚀 |
| | 磨辊硬度低,磨齿无齿顶平面,磨机研空磨 | 注意磨辊表面处理及操作 |

续表 7

| 故障现象 | 故障原因 | 排除方法 |
| --- | --- | --- |
| 生产不稳定 | 小麦质量急剧变化 | 合理搭配小麦 |
| | 昼夜电压变化大,小麦水分不均匀 | 注意原料水分 |
| 面粉灰分不合格 | 小麦灰分高,小麦清理不净,入磨小麦水分低,麸皮碎 | 控制入磨小麦质量、含水量 |
| | 筛理流量不足,筛绢破裂 | 更换筛绢 |
| | 出粉率过高,流量不平衡,各系统取粉量不符合操作规程要求 | 掌握流量 |
| | 磨齿尖,磨辊排列不对 | 调整磨辊、重新拉丝 |

**面粉选购四部曲**

一看:优质面粉色泽呈白色或微黄色,手捻捏时呈细粉末状,置于手中紧捏后放开不成团。低质、劣质面粉色泽暗淡,灰白或深黄色,发暗,色泽不均。手指捻捏时有粗粒感,生虫、有杂质、有结块、手捏成团。过量添加增白剂,呈灰白色,甚至青灰色。

二闻:手中取少量面粉可闻到其气味,优质面粉无异味。微有异味、霉臭味、酸味、煤油味及其他异味的为低质、劣质面粉。

三摸:优质面粉用手摸取时,手心有较大的凉爽感,握紧时成团。久而不散则为面粉水分过高。

四尝:取少许面粉细嚼,优质面粉味道淡而微甜。微有异味,并有发酵、发甜、发苦等异味、有刺喉感,咀嚼时有砂声的为低质、劣质面粉。

# 三、油料加工机械

油料加工机械是将油料作物或其他含油物料制成食用油或工业用油脂的机械，主要有花生剥壳机、螺旋榨油机和液压榨油机。

## (一)花生剥壳机

花生剥壳主要采用刀笼剥壳机，也称为锤击式剥壳机。

**为什么要剥壳**

大多数油料都带有皮壳，除大豆、油菜籽、芝麻含壳率较低外，其他油料如棉籽、花生、葵花籽等含壳率均在20%以上。

含壳率高的油料必须进行脱壳处理，而含壳率低的油料仅在考虑其蛋白质利用时才进行脱皮处理。油料皮壳中含油率极低，制油时不仅不出油，反而会吸附油脂，造成出油率降低。剥壳后制油，能减少油脂损失，提高出油率。油料皮壳中色素、胶质和蜡含量较高，在制油过程中这些物质溶入毛油中，造成毛油色泽深，含蜡高，精炼处理困难。剥壳后制油，毛油质量好，精炼率高。油料带壳制油，体积大造成设备处理能力下降，皮壳坚硬造成设备磨损，影响轧坯的效果。

1.结构和工作过程

花生剥壳机主要由剥壳辊、箅栅、振动筛和风机等组成，如图12所示。

工作时，花生果从存料斗下落的过程中，从风道吹出的气流把轻杂吹走，经导风板送往集壳管，重杂质落入溜管排出。花生果在

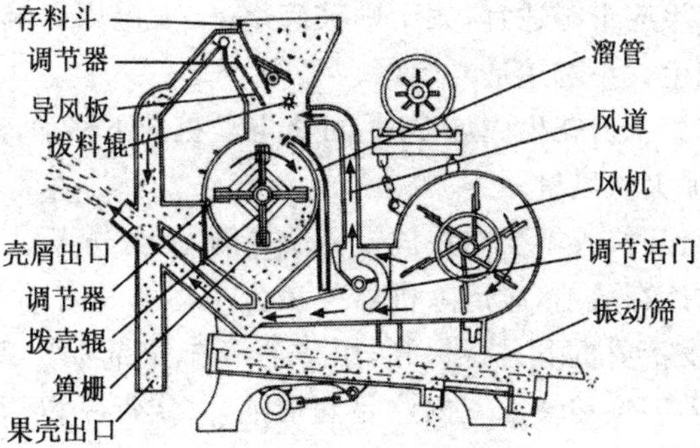


**图 12　花生剥壳机结构**

气流作用下偏向左边流入箅栅，花生果在剥壳辊锤击头的打击和挤压作用下破碎，并通过下部的半圆形箅栅缝隙下落，经风选作用，花生壳屑、花生衣被吹向集壳管，从中间出口吹出机外。下落的花生米及少量的小粒花生果，则进入振动筛进行分离，分离出的花生果需返回重剥。

> 因花生果大小不一，为提高剥壳效果，在剥壳前应对花生果进行分级，然后再分别剥壳。

2.使用操作

①使用前，应先检查各紧固件是否拧紧，旋转部件是否灵活，各轴承内是否有润滑油，剥壳机应放置在平稳的地面上，电源开关必须处于断开位置。

②电动机启动后，转子的转向应与机具上所指方向一致。先空转几分钟，观察有无异常响声，运转正常时，方可均匀地喂入花生。

③花生果喂入时，要均匀、适量，不可含有铁屑、石块等杂物，以防打碎花生米及造成机械事故。当花生米覆盖满筛子时，方可打开出米口开关。

④花生应干湿适宜，太干则破碎率高，太湿则影响工作效率，并根据花生大小选用适当筛网。

⑤花生米内花生壳增多时，可将电动机向下移动，以便张紧风扇皮带，加大吹风量。

⑥操作时，人不要站在皮带传动一侧，以免伤人。

⑦入库存放前，应清除机器外表尘土污垢和内部残存的籽粒等杂物；皮带要拆下另行保管；用柴油清洗各部轴承，晾干后涂上黄油；传动部位和轴承室内注足润滑油，并定期予以清理和更换；机器要覆盖好，置于干燥库房内，避免日晒雨淋。

3. 故障排除

花生剥壳机常见故障及排除方法见表8。

**表8　花生剥壳机常见故障及排除方法**

| 故障现象 | 故障原因 | 排除方法 |
|---|---|---|
| 破碎率高 | 1. 剥壳辊与箅栅间隙过小<br>2. 箅栅型号与花生果不相配<br>3. 花生果水分含量过低 | 1. 调整剥壳辊与箅栅间隙，以既能脱壳又不使仁破碎为适度<br>2. 根据花生果的大小来选择适当间隙的箅栅<br>3. 保证花生果有一定的湿度 |
| 喷出的花生壳中含花生米量过大 | 风机风量过大 | 适当调整风机风门，以壳中几乎不含花生米为佳 |
| 花生米内花生壳含量过多 | 风门调节不当或是皮带轮松弛造成风量过小 | 调整风机风门，或者张紧风扇皮带，加大吹风量 |

## （二）螺旋榨油机

螺旋榨油机是利用带有螺纹的榨螺，在榨膛内旋转推进压榨油料而提取植物油的机械。螺旋榨油机能连续作业，出油后的渣饼薄而小，便于综合利用，但榨膛内的主要工作部件易磨损，需经常拆换，增加了作业成本。

1. 结构和工作过程

螺旋榨油机由进料机构、螺旋轴、榨笼、出饼机构、传动系统和机架、机座等组成，如图 13 所示。

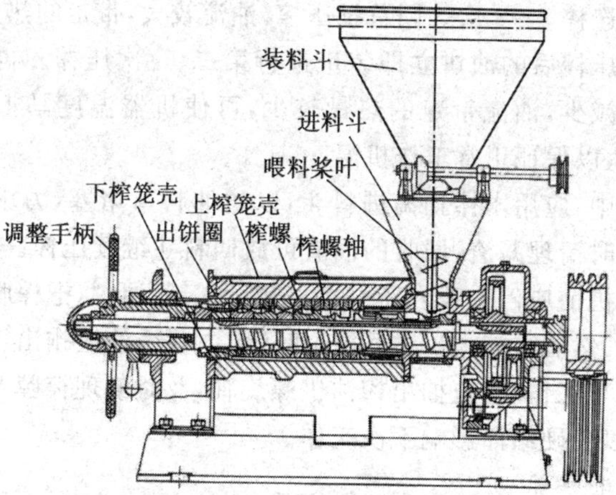


**图 13　螺旋榨油机结构**

螺旋榨油机工作时，经过处理好的油料从料斗进入榨膛，榨螺旋转使油料不断向里推进，同时由于榨螺的根圆直径逐渐增粗、螺距不断减小，使得榨膛内压力越来越大，温度越来越高，将油料中的油脂压榨出来，并从榨条缝隙流出。

2. 使用操作

①开机前要检查零部件有无松动和损坏，各轴承润滑油是否充满，转动皮带轮，倾听传动件间有无撞击或其他杂音。

②调整螺旋轴与出饼圈的间隙，调整方法是先使螺旋轴向前抵死出饼口，然后倒退 2～3 转，使间隙控制在 0.5～1 毫米。

③开机后，应使榨油机空转 3～5 分钟，然后把油饼或原料缓慢均匀喂入，将机膛磨热，一般要求在 70～80℃（用手摸机体外壳感到烫手）时，方可开始压榨。

④压榨时，应严格控制出饼厚度，油料品种不同，压榨次数不同，出饼厚度的控制要求也不同，一般 0.3～2.5 毫米。具体数据可参照各榨油机的说明书要求，视情况而定。

压榨芝麻等出油率较高的油料时，可分批投料（每批5千克为宜），每批连榨2～3次。因首批压榨，油流较大，带走的热量较多，可将首批压榨后的油饼立即装机进行第二、三次压榨。再压榨时出油相对减少，油流带走的热量较少，可使机器温度马上回升到70～80℃，以保证正常工作机温。

工作中，应用木棒勤捣进料斗，以防油料口堵塞，力求喂料均匀。应及时清理漏渣，回收的油渣可放回料斗继续压榨。

⑤停机前应停止喂入新料，但需喂入一些油饼，把榨膛内残饼全部排出，然后再加大出饼间隙，使榨膛内多余油渣排出。

⑥停止工作后，应抽出榨油机螺旋轴，及时清理榨膛及各间隙内残渣，以免硬结而影响下次工作。

3.维护保养

①每工作50小时后应检查润滑情况，减速箱上面的油杯不得缺油，榨螺轴调整螺杆内轴承应每班加注黄油一次，严禁干磨。

②各润油部位应防止灰尘和其他杂质侵入，每年需检查减速箱的机油质量一次，发现变质，应更换全部机油。

③当压榨量降低，出饼或出油不正常时，应将榨螺轴抽出，检查榨螺、榨条、出饼圈的磨损情况，磨损零件要及时更换。

④每班工作结束后，应清除机器内残饼，擦干净机器表面灰尘、油垢。

⑤生产季节结束后长期存放时，应进行一次保养，并将榨螺、榨条、出饼圈拆洗重新涂油，放在干燥处。

4.故障排除

螺旋榨油机常见故障及排除方法如下。

(1)突然停车，榨螺轴卡死

①压榨初期，榨膛未磨热即大量投料引起，可用热的油料籽（也可用加热水的干饼）缓缓进料，反复磨机，使温度升高。

②压榨过程中，榨膛断料，然后又大量投料，造成排料不畅，榨膛被油料堵塞引起。因此，加料时应连续均匀，饼不能太薄。一旦

发生故障，应立即关闭电源，将进料调节板插死，停止进料，并将排料板打开，倒开螺旋轴，使之退出。然后清除膛内油料，重新压榨。

③油料未清选，有石子、金属等硬异物进入榨膛引起。

(2)不出油或出油率过低

①原料太湿或太干，受潮发霉，籽料不饱，杂质过多引起。须重新清选油料，并调整好油料水分。

②排油缝被油渣堵塞或榨条装配得太紧引起。应根据含油量高低，调整榨条的松紧度。

③开榨初期，榨膛温度低，出饼太薄或太厚、零件磨损等都会引起不出油或出油率过低。

(3)跑渣过多

榨油过程中，榨条间少量跑渣是正常现象，若跑渣过多，可能有如下原因：

①个别榨条弯曲或间隙过大。此时，可卸下榨条，用纱布或油石将甲型榨条三凸方打磨，调直榨条重装，必要时垫些薄铁皮，使间隙保持在0.05～0.08毫米范围内。

②油料塑性不好，出饼困难，使机膛压力增加。此时，应将油料适量拌水，并进行磨机，提高机温以提高油料塑性。

③出饼太薄。应按说明书要求适当加大出饼厚度。

(4)出饼不顺

①饼的厚薄不适宜，应调整出饼厚度。

②由于有干饼或石子、铁块等硬异物进入机膛，应立即停机，抽出榨螺，检查并清除饼圈和机膛内的干饼、杂物，并根据出饼圈磨损情况，修理或更换新配件。

(5)回油

回油可能是因油缝堵塞、油缝太小、表面不光引起，前者应拆除榨条进行清洗，后者应调整榨条间隙，用油石磨光油缝。

(6)不进料

①油料的水分过多，应进行日晒或炒干。

②榨螺表面不光，应用砂布打磨榨螺轴或用干渣磨光。

③榨条磨损，榨条多边形被破坏，可翻转使用或换榨条。

(7)烧膛

烧膛的原因是油料水分偏低，榨螺转速偏高，机温过高等引起，应提高油料水分含量，改换皮带轮，降低转速，控制机体温度。

## (三)液压榨油机

液压榨油机是用液压油传递压力，使油料在静态下受压榨而提取植物油的机械。液压榨油机的压力大，一次出油率高，运动部件少，维修保养方便，但料饼装卸的劳动强度较大。

1. 结构和工作过程

液压榨油机结构，如图 14 所示，底座上固定有 1 个油缸，缸中装有圆柱状活塞，活塞上部与承饼盘连成一整体。料坯经预压成圆饼，外套饼圈，以 20～40 个圆饼叠装在承饼盘与顶板之间，饼与饼之间用带孔的薄垫板分隔，驱动活塞上顶，产生压力，压榨料饼出油。榨毕后油泵停止加压，活塞下落，将渣饼卸出，重新装上料饼，以此反复间歇榨油。在用电动油泵时可组成循环油路系统，同时操纵数台液压榨油机作业。

2. 检查调试

①油泵试验前，先在油箱内加洁净的机械油或植物油，上下压动手柄，看榨油机的活塞是否上升。若活塞不上升或手柄在压动时不费力，要检查油箱的各阀门，并排出管路中的空气。

②进行整机耐压试验，试验采用的压强为工作压强的 1.25 倍，检查活塞伸出至最大的工作行程，稳压 15 分钟，压力表读数下降值不得超过试验压强的 4%；所有油路应无渗漏现象；在全部压力卸除后，压力表指针回到“0”位，零件应无损坏，拉杆不得有显著变形，运动部件无卡滞现象。

③对安全阀进行可靠性试验，将安全阀调至工作压强，连续试验 5 次，针阀开闭灵敏，每次跳阀后压力表读数均不应低于额定工

作压强。

3. 使用操作

①要根据不同油料，控制饼坯的入榨温度和含水量。

②上榨时，将下顶盘降至最低位置，松开活动拉杆螺母，拔下两个活动销轴，转动活动拉杆于一侧。料饼依次装入榨膛后，将活动拉杆转回原位固定，先预压榨至见油即止，退回活塞，将余下料饼装入进行正式压榨（一般液压榨油机能装饼 20 块）。

③压榨时压动手柄时要轻压勤压，用力要均匀，不许用力过猛，否则，易发生事故。

④压榨含油量高的油料（如花生米、油菜籽），榨第一遍时先用低压泵工作，出油后就换用高压泵工作。

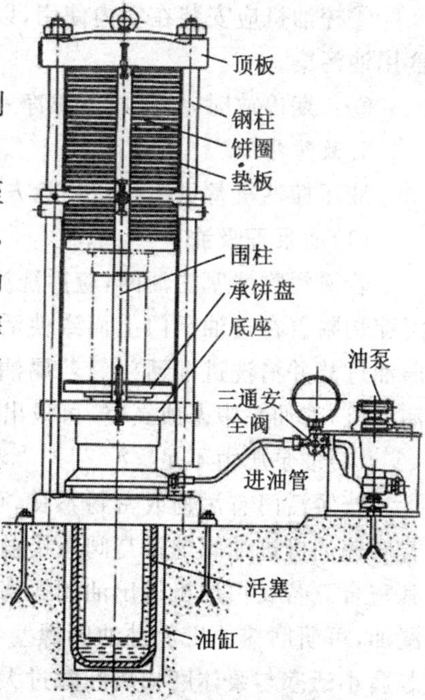

图 14　液压榨油机结构

⑤工作中如发现压力表指针回不到零位，应及时校验、维修或更换。

⑥打开回油阀，油便自动流回油箱，活塞自动落下，即可卸榨。

4. 维护保养

①油泵中的压力油要过滤，浓度不可过大，最好用菜籽油、豆油和花生油等，禁止使用汽油，煤油等易燃油料。

②油箱内要保持清洁，每工作 3 个月左右要清洗油箱，并更换新油，或把箱内油取出过滤后再使用。否则油内杂质会使油泵磨损并造成油路堵塞，影响榨油机工作。

③手柄与油泵的连接销轴，要经常加润滑油以减少磨损。

④榨油机应安装在室内使用，以免露天风吹雨淋，造成生锈和食用油污染。

⑤长期停放时，要把机器擦净、涂油、并盖上防护罩。

5. 故障排除

液压榨油机常见故障及排除方法如下。

(1)油泵不吸油

若属污物堵塞滤油网，应拆洗滤油网。若属油液使用过久，因沉淀物附着在进油活门上而致使活门不密合，应更换新油或放出旧油过滤并清洗进油活门。若属油箱中油量不足，向油箱中加足油即可，若油泵中未成真空，可拔出小活塞，注入油液后再压。

(2)油泵压力不足

若属活门有污物或密封不良，可拆洗后加以研磨，使其密合。若属榨油机进油阀螺塞与阀座接触不良，也可拆洗后加以研磨，使其密合。若属榨油机进出油阀螺塞与阀座接触不良或未拧紧造成漏油，可研磨榨油机上进油阀螺塞和阀座，使其密合或拧紧螺塞。若属小活塞与泵体磨损后间隙过大，应更换新泵。

(3)油缸与活塞漏油

若属皮碗碗口向上装错所致，应按正确方法重新装皮碗。若属皮碗破裂损坏，应更换新皮碗。

(4)安全阀失灵

若属油液中有污物致使钢球阀门不密封，应清洗安全阀，去除污物，使钢球阀门闭合。若属弹簧失去弹性不能承受高压，应更换新弹簧。若属调节螺钉松动，导致未到规定压力就跳阀，应重新调节螺钉，使压力达到规定压力时才跳阀。若属经常超压作业，导致钢球将阀门碰伤，应重新研磨阀门，更换新钢球并注意按操作规程操作。

# 四、棉花加工机械

棉花加工机械是指用于籽棉清理、分离、棉籽剥绒的棉花初加工机械。常见的棉花加工机械有籽棉清理机、轧花机和剥绒机。

棉花是天然植物纤维，我国棉花的主要品种是细绒棉，其次是长绒棉。根据棉花物理形态的不同分为籽棉和皮棉。棉农从棉棵上摘下的棉花叫籽棉，籽棉经过去籽加工后的棉花叫皮棉，通常所说的棉花产量，一般都是指皮棉产量。

籽棉加工成皮棉的比例是 10∶3，即每 10 吨籽棉可加工成 3 吨皮棉。皮棉不能散放，必须经打包机打成符合国家标准的棉包。国家标准皮棉包装有三种包型：85 千克/包（±5 千克），200 千克/包（±10 千克），227 千克/包（±10 千克）。

## （一）籽棉清理机

籽棉清理机是将混在籽棉中的外来杂质从籽棉中分离出来，以减小机件磨损，避免发生事故，提高皮棉加工质量。

1. 选型

籽棉清理机分为气流式籽棉清理机和冲击式籽棉清理机。

①清理籽棉中的土块、石子和金属屑等重物杂质，应选购气流式籽棉清理机。该机具有不损伤棉纤维、无需增加额外动力等特点，主要用于棉花加工中的前期除杂工序。

②清除籽棉中的布条、毛发等软性杂质，应选购冲击式籽棉清理机。该机对棉纤维有一定的轻微损伤，一般用于对手采棉的加

工除杂。常见的型号为MQZ-80型、MQZ-160型等。

**棉花含杂率和危害性杂物**

棉花含杂率指棉花中含有的如沙土、枝叶、铃壳、软籽表皮等非危害性杂物的比例。国标规定锯齿棉标准含杂率为2.5%。实际工作中一般用原棉杂质分析机测定原棉含杂率。

危害性杂物是指混入棉花中的对棉花加工、使用和棉花质量有严重影响的硬杂物和软杂物,如金属、砖石、化学纤维、丝、麻、毛发、塑料绳、布块等异性纤维或有色纤维等。国标规定:棉花中严禁混入危害性杂物。

2.气流式籽棉清理机

气流式籽棉清理机分为叉管式重杂物除杂器和漏斗式重杂物除杂器。

(1)叉管式重杂物除杂器

叉管式重杂物除杂器,通常安装在水平吸棉管和垂直吸棉管的交界处,主要由弯管、遮板、活门和叉管等组成,如图15所示。

工作时,当被输送的棉花气流在此处急拐弯上升时,较重杂质惯性大,在此跌落沉淀箱内,达到杂质分离的目的。

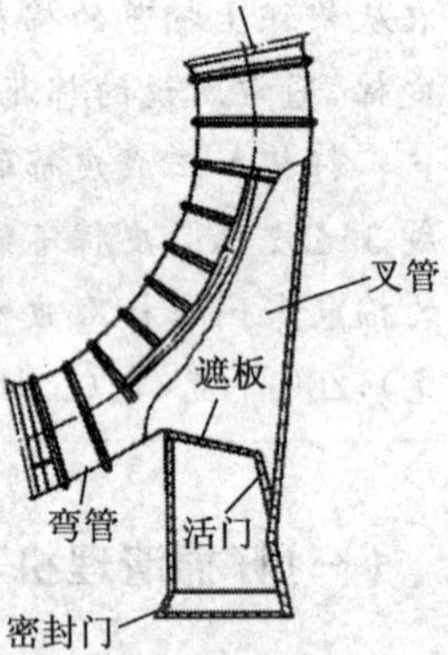

**图15 叉管式重杂物除杂器结构**

(2)漏斗式重物除杂器

漏斗式重物除杂器,通常安装在外吸棉管中的籽棉清理机的前侧部位,主要有可调导流板、沉降室、可调挡板和补风调节器等组成,如图16所示。

工作时,输送籽棉的气流进入重杂沉积器后,撞击到可调导流板上,将包裹重杂的棉团击松,使重杂暴露出来,在气流急拐弯处箱体的容积突然增大,气流速度下降,籽棉仍随气流继续前进,而

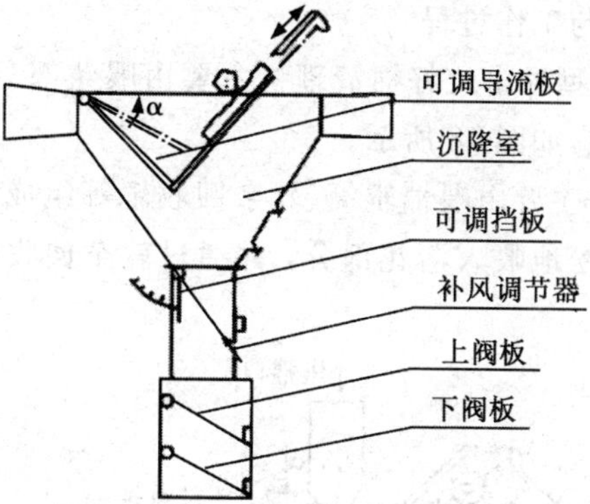


图 16　漏斗式重物除杂器结构

较重杂物在重力作用下落入沉降室内被清理。

3. 冲击式籽棉清理机

冲击式籽棉清理机是利用机械对籽棉进行冲击和打击，借助刺钉滚筒或锯片(齿)滚筒等部件，将布条、线绳、动物毛发等软杂质从籽棉中清除的机械。

常见的冲击式籽棉清理机是 MQZ-80 型，如图 17 所示。

图 17　MQZ-80 型冲击式籽棉清理机

(1)结构与工作过程

MQZ-80 型冲击式籽棉清理机主要由喂花部分、清花部分和回收部分组成,如图 18 所示。

喂花部分主要由喂棉辊筒、软杂回收辊等组成。其作用是使籽棉均匀、疏松地喂入清花部分,并通过软杂回收辊清除籽棉中的软特杂质。

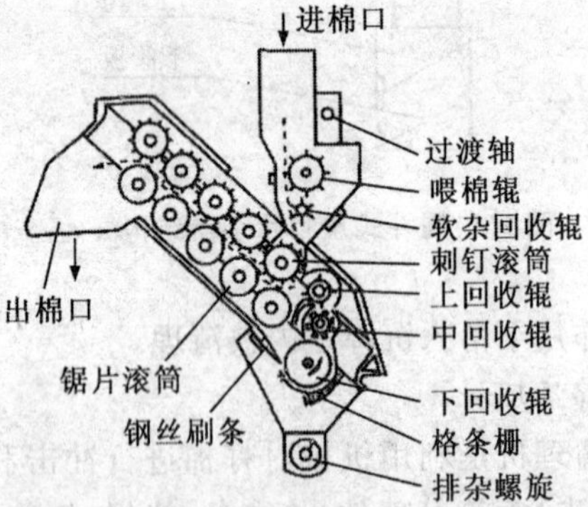


图 18 MQZ-80 型冲击式籽棉清理机结构

清花部分主要由五个相同的清花刺辊和五个相同的清花锯片辊筒组成。其作用是利用清花刺辊和清花锯片辊筒对籽棉的冲击、撕拉等作用,使黏附在籽棉上的杂质受到抖动而被分离,并顺着锯片间隙掉落在排杂螺旋后而被清除。

回收部分主要由上回收辊、中回收辊、下回收辊、可调格条栅、固定钢丝刷、排杂调节板等组成。其作用是利用上、中、下回收辊提取清花部分排落而夹在杂质中的单粒籽棉、小花头和僵瓣棉,并能根据不同级别的籽棉调整格条栅,使之达到良好的清杂回收效果。

(2)技术参数

MQZ-80 型冲击式籽棉清理机主要技术参数见表 9。

表 9　MQZ-80 型冲击式籽棉清理机主要技术参数

| 名称 | 直径(毫米) | 转速(转/分钟) | 数量(个) |
|---|---|---|---|
| 喂花辊筒 | 380 | 35 | 1 |
| 软杂回收辊 | 150 | 600 | 1 |
| 清花刺辊 | 291 | 600 | 5 |
| 清花锯片 | 外径 300 | 420 | 5 |
| 上回收辊 | 216 | 170 | 1 |
| 中回收辊 | 200 | 170 | 1 |
| 下回收辊 | 400 | 170 | 1 |
| 整机参数 | 配套动力:7.5 千瓦<br>整机尺寸:2 200 毫米×2 190 毫米×3 000 毫米<br>台时处理量:5 000 千克/小时<br>整机重量:3 000 千克 | | |

## (二)轧花机

轧花机的功用是将籽棉上的长纤维利用机械作用与籽棉分离。轧花机分为皮辊式轧花机和锯齿式轧花机两种类型。

1. 选型

根据加工机械的不同,棉花分为皮辊棉和锯齿棉。皮辊式轧花机加工出来的皮棉叫皮辊棉,锯齿式轧花机加工出来的皮棉叫锯齿棉。

(1)皮辊式轧花机

适用于纤维长度 33～39 毫米,细度为 7 000～8 500 米/克,宽度 15～16 微米,纤维相对柔长的长绒棉和成熟度较差籽棉的加工。该机价格较低、结构简单,操作维修方便,其生产效率低,加工出的棉花杂质含量高,质量不好,但对棉纤维无损伤,纤维相对较长,常用于农村小型的棉花加工厂。

(2)锯齿式轧花机

适用于对纤维带有丝光,长度 23～33 毫米,细度 5 000～

6 500 米/克，宽度 18～20 微米的细绒棉加工，加工出来的皮棉杂质含量低，质量好，生产效率高，但对棉花纤维有一定的损伤，加工后的皮棉对后期的梳棉工序要求简单，常用于大型的棉花加工厂。

目前细绒棉的加工基本上都用锯齿式压花机，长绒棉的加工使用皮辊轧花机。

2. 结构与工作过程

(1)皮辊式轧花机

皮辊式轧花机是利用皮辊表面沾附和带动棉纤维，使棉纤维与棉籽分离的机械。常用的皮辊式轧花机有冲刀式(图 19)和滚刀式(图 20)两种。

图 19　冲刀式皮辊式轧花机

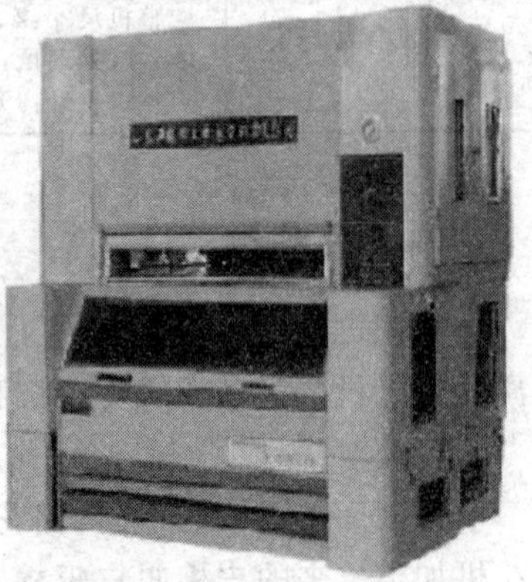

图 20　滚刀式皮辊式轧花机

工作时，冲刀式皮辊轧花机是用一把定刀在皮辊的一侧阻挡棉籽，同时用一把上下往复运动的动刀冲击棉籽，使其与纤维分离；滚刀式皮辊轧花机是用一个高速旋转的滚刀代替往复运动的动刀分离棉籽，如图 21 所示。

(2)锯齿式轧花机

锯齿式轧花机是利用高速旋转的圆盘锯片通过肋条间隙钩拉棉花纤维，使之与棉籽分离的机械。常见的锯齿式压花机有毛刷

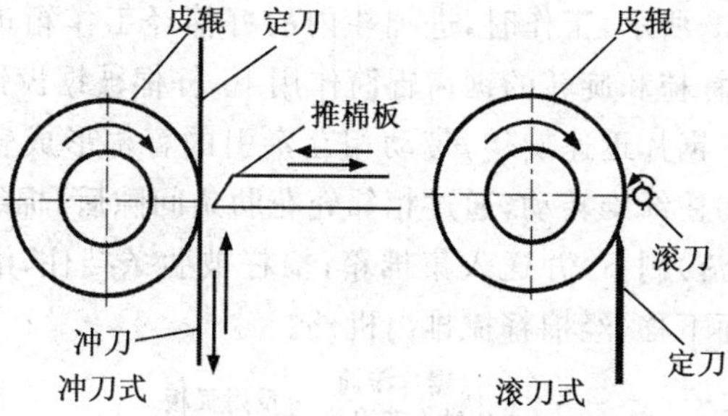


图 21　皮辊式轧花机工作图

式和气流式两种。

锯齿式轧花机主要由喂花辊、清花机构、轧花工作箱、轧花肋条、锯片辊筒、毛刷辊筒或气流吸嘴、集棉箱等组成。

小型锯齿轧式花机常适用于轧花加工厂。锯齿式压花机按锯片数来确定型号，常用的毛刷式锯齿式压花机是 6MYJ-20 型，其锯片数分别为 20 片，如图 22 所示。

图 22　6MYJ-20 型毛刷式锯齿式压花机

如图 23 所示，工作时，进棉斗内的籽棉经工作箱进入轧花机前箱，在棉籽梳和旋转的锯齿辊筒作用下，籽棉被锯齿钩住带入轧花工作箱。锯片迅速旋转，带动相互牵引的籽棉形成转动的籽棉卷。锯齿钩住纤维转动，通过相邻轧花肋条间隙后，棉纤维被毛刷滚筒（或气流）刷下，并送入集棉箱；棉籽被肋条挡住，沿两锯片之间的肋条面下移，经棉籽梳排出机外。

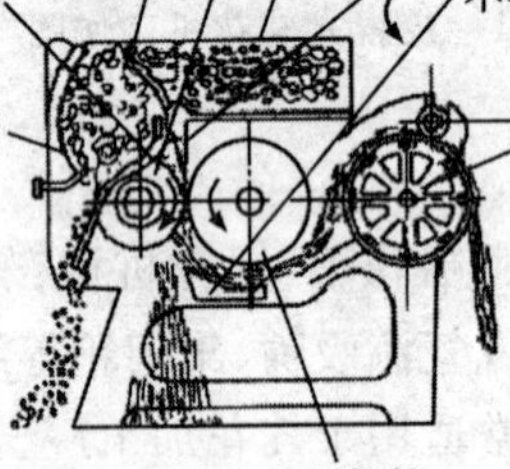


**图 23　6MYJ-20 型毛刷式锯齿式压花机结构**

锯齿式压花机的生产效率与轧花工作箱的形状、籽棉卷的转动速度、锯片齿形及速度等因素有关。一台 80 锯片的轧花机每小时能加工皮棉 400 千克左右，相当于 10 台 800 毫米的皮辊轧花机的生产效率，还可节能 40%。缺点是对棉花纤维的损伤较大，不适于加工细绒棉和长绒棉，且锯片需经常磨齿和更换。

锯片和肋条是锯齿式压花机的主要易损元件。当锯片正常工作 450 小时，锯齿太钝或者缺齿太多时，则需修磨更换锯片。当肋条间隙超过 3.2 毫米或遇到大杂质破裂时，需更换。换件时必须按使用说明书相关操作规程，严防事故发生。

3. 使用维护

①待加工的籽棉在进行轧花工序前，应仔细清选，以防金属、木棍、石粒等杂质进入轧花机，损坏机器。

②每天工作前，应及时检查各种传动皮带松紧度是否合适，接

头是否牢固、紧固件是否松动。发现异常情况，及时调整、紧固。

③开机前应检查各运转部件、输送装置转动是否灵活，及时清除各部位的残留物，发现故障，及时排除。

④锯齿式压花机应定期检查锯片磨损情况、肋条间隙大小，当锯齿磨损严重，肋条间隙过大时，应及时更换锯片和肋条。

⑤皮辊式轧花机应定期检查皮辊和定刀的接触情况，当轧出的皮棉厚薄不均时，应及时检查调整皮辊的两调节螺钉，使其松紧度一致；检查、修整定刀，使刀身平直，刀口整齐；检查、校平、矫直动刀身并保持水平位置安装。

⑥轧花机每天工作结束后，应及时清扫机器，清除除尘箱、尘网等部件的残留物，并向各传动齿轮和辊轴轴承处加注润滑油。

4. 故障排除

(1)皮辊式轧花机常见故障及排除方法见表10。

**表10　皮辊式轧花机常见故障及排除方法**

| 故障现象 | 故障原因 | 排除方法 |
|---|---|---|
| 皮辊和定刀的接触面松紧不一，皮棉厚薄不匀 | 1. 定刀不平或扭曲<br>2. 皮辊的两调节螺钉松紧不一致<br>3. 皮带太紧，皮辊的橡皮品质不一致<br>4. 前横板台阶高低不平<br>5. 动刀不平直，一边高，一边低，动刀装置一边出一边进 | 1. 修整定刀，使刀身平直，刀口整齐<br>2. 调整皮辊的两调节螺钉，使其松紧一致<br>3. 调整皮带张紧度，更换皮辊的橡皮<br>4. 校平、矫直动刀身并保持水平位置安装<br>5. 调节撑杆和连杆，使两刀的重合间距及相切量全线一致 |
| 皮辊轴心松动或折断 | 1. 定刀对皮辊压力太大<br>2. 皮带太紧<br>3. 铁芯太细或质量太差<br>4. 轴承缺油面磨损，两轴承不在同一中心线上 | 1. 皮辊两端用铁圈加固，调整定刀位置，使其保持适宜的压力<br>2. 调整皮带张紧度<br>3. 更换合适铁芯<br>4. 更换轴承并定期添加润滑油，调整两轴承，使之在同一中心线上。 |
| 皮辊橡皮松脱 | 1. 钉子长度不够，木芯孔大钉细<br>2. 定刀切橡皮条，动刀冲切橡皮条，短截橡皮条缺钉<br>3. 橡皮条螺距太小 | 1. 改用较长的钉子<br>2. 校正橡皮条定位位置，校正动刀位置；修整皮条并补钉<br>3. 调整橡皮条螺距，或更换橡皮条 |

(2)锯齿式轧花机常见故障及排除方法见表11。

**表11　锯齿式轧花机常见故障及排除方法**

| 故障现象 | 故障原因 | 排除方法 |
|---|---|---|
| 轧花肋条上部堵塞 | 1.锯齿不规则<br>2.肋条上部间隙过小或肋条粗糙<br>3.籽棉中含有长条形杂质<br>4.籽棉内含水量太高 | 1.更换或修正锯片<br>2.调整肋条间隙<br>3.清除杂物<br>4.晾晒籽棉 |
| 轧花肋条下部堵塞 | 1.刷棉不净<br>2.排风不畅 | 1.调整毛刷与前后挡风板间距<br>2.清除风道和积尘室内杂物 |
| 棉籽太光 | 1.棉籽梳位置过高<br>2.锯片辊筒转速高<br>3.籽棉卷太紧 | 1.调整棉籽梳至合适位置<br>2.调整锯片辊筒至合适转速<br>3.调整喂花量 |
| 棉籽卷停转 | 1.肋条上下部堵塞<br>2.工作箱内壁有毛刺<br>3.两边肋条太宽<br>4.刷棉不净<br>5.锯齿上带有棉纤维<br>6.喂花不均匀 | 1.清除堵塞物<br>2.清除毛刺<br>3.修整调整肋条<br>4.检查、更换毛刷辊筒,调整前后挡板位置<br>5.检查、调整锯齿辊筒转速,修整锯片上的锯齿<br>6.调整喂花量,保持喂花均匀 |
| 皮棉中破籽多 | 1.籽棉卷运转不正常<br>2.轧花肋条工作间隙过大<br>3.锯齿过于锋利,过钝或缺齿过多 | 1.调整棉籽卷<br>2.修整肋条,调整保持肋条正常间距<br>3.修整锯齿或更换锯片 |
| 皮棉中含杂太多 | 1.籽棉清理机工作不良<br>2.籽棉含水分过多<br>3.锯齿异常<br>4.排风不畅 | 1.检修籽棉清理机<br>2.晾晒籽棉<br>3.修整锯齿<br>4.检修清理风道 |
| 皮棉中短绒太多 | 1.锯齿尖太后<br>2.棉籽过光<br>3.棉籽含水分太多 | 1.修磨锯齿,使齿尖厚度为0.45～0.55毫米<br>2.调整喂花量及棉籽梳<br>3.晾晒籽棉 |

## （三）剥绒机

剥绒机是从轧花后的棉籽上剥取残短绒的机械。棉籽剥绒可提高皮棉产量，提高棉籽榨油的出油率和油品质量。

> 目前锯齿剥绒工艺实行分道连续剥绒。即先剥头道绒，再剥第二道绒，最后剥三道绒。

1. 选型

剥绒机的类型较多，主要有锯齿剥绒机、磨料剥绒机和化学脱绒设备等。

①锯齿剥绒机是生产上应用较多、使用最为普遍的机型，分为气流式剥绒机（图 24）和毛刷式剥绒机（图 25）。它适用于轧花剥绒企业及油脂加工企业对棉籽的剥绒处理。具有机结构紧凑、操作维修方便、性能稳定、生产效率高、出绒率高等特点。一台锯齿剥绒机一般每小时可处理籽棉 500～1 000 千克，出绒率 6.5%～10%。

图 24　气流式锯齿剥绒机

图 25　6MR-141B 型毛刷式锯齿剥绒机

②磨料剥绒机，也叫砂瓦剥绒机，由若干块金刚砂组成的砂瓦工作面和叶片辊筒组成。在辊筒离心力和叶片的推动作用下，棉籽紧贴金刚砂磨料的弧形表面移动，短绒被金刚砂粒的边棱剥下，由气流经吸绒送至集绒装置。其结构简单，造价较低，维修方便，但生产效率较低，一台磨料剥绒机一般每小时处理棉籽 350～500 千克，出绒率 4%～5%。

③化学脱绒设备主要用于专门作为种用棉籽的脱绒处理。它主要是利用泡沫状硫酸对棉籽上的短绒进行脱水、氧化，使其炭化脱绒的一种方法，脱绒后的棉籽光滑，表面的有害细菌、病菌可基本消除，有利于播种。

2.结构与工作过程

(1)气流式锯齿剥绒机

气流式锯齿剥绒机主要由棉籽给料辊筒、拨籽辊、锯片辊筒、排杂刀、排杂螺旋、排杂室罩壳、吸绒管道和机架等组成，如图 26 所示。

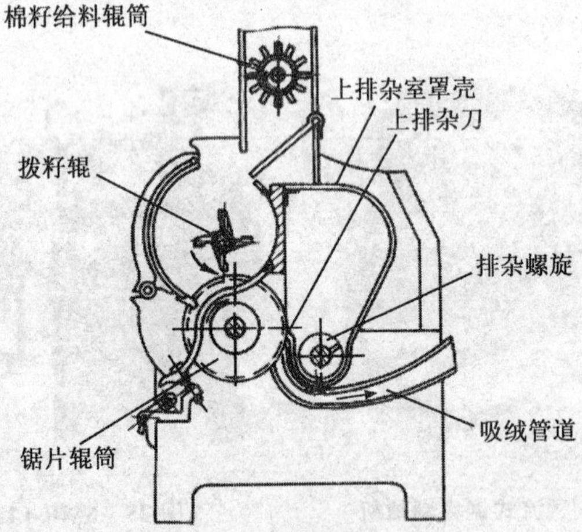


图 26　气流式锯齿剥绒机结构

工作时，进入剥绒机的棉籽，在旋转的给料辊筒的带动下，均匀地沿着倾斜的导籽板滑入棉籽室。棉籽在拨籽辊的拨动以及锯齿辊筒上锯片的摩擦力的牵引作用下，形成做旋转运动的棉籽卷，使棉籽上的短绒不断地被锯片钩取、分离，短绒在吸绒管道高速气流的带动下，从吸绒管道排出，被剥绒的棉籽经前面栅状棉籽梳板间落到剥绒机外。

(2)毛刷式锯齿剥绒机

毛刷式锯齿剥绒机由进料斗、给料棍、拨籽辊、锯片辊筒、毛刷辊筒和压绒辊等组成，如图 27 所示。

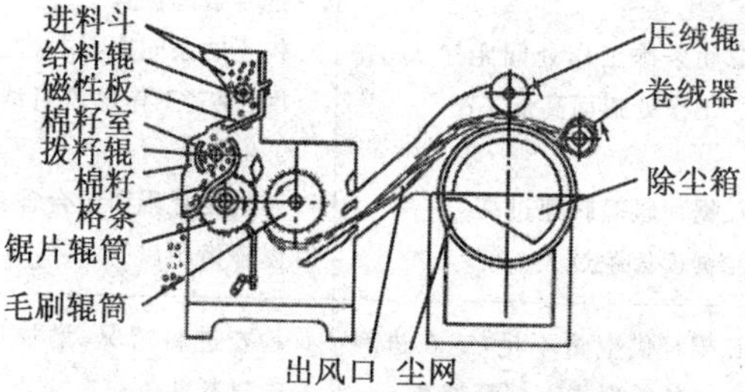


**图 27　6MR-141B 型毛刷式锯齿剥绒机结构**

工作时，棉籽由进料斗加入后，在旋转的给料辊的作用下，均匀地沿着磁性板滑入棉籽室。棉籽在拨籽辊的拨动以及锯片的摩擦力的牵引作用下，形成做旋转运动的籽棉卷，使棉籽上的短绒不断地被锯片钩取、分离，被剥绒的棉籽经前面栅状棉籽梳板间落到剥绒机外；短绒通过格条间隙到毛刷辊筒，经尘网和轧棉辊后，被卷绒辊卷起。

3. 故障排除

锯齿剥绒机常见故障及排除方法见表 12。

**表 12　锯齿剥绒机常见故障及排除方法**

| 故障现象 | 故障原因 | 排除方法 |
|---|---|---|
| 棉籽破碎 | 1. 棉籽在输送中螺旋叶片与外壳间隙过小，轧破棉籽<br>2. 锯齿残缺不全或齿尖太尖锐<br>3. 拨籽辊叶板顶端与锯齿齿尖间的间距过小<br>4. 工作箱墙板与拨籽辊叶板两端之间隔距太大<br>5. 棉籽卷密度过大<br>6. 肋条排工作处间距过大，或工作处弧面高低不平<br>7. 锯片辊筒转速过高<br>8. 锯齿齿距过大 | 1. 调整螺旋叶片与外壳间隙使之不小于 12 毫米<br>2. 更换锯片或修整锯片<br>3. 调整拨籽辊叶板与锯齿齿尖间的间距使其符合技术要求<br>4. 更换拨籽辊叶板使工作箱墙板与拨籽辊叶板两端之间的隔距为 1～2 毫米<br>5. 调整喂籽辊自动调节装置或调整抱合板的位置<br>6. 校正肋条间距，调整肋条排面平整度，使其工作部位直线误差不超过 0.2 毫米<br>7. 调整锯片辊筒至合理转速<br>8. 修整齿距以 3.3～3.5 毫米为宜 |
| 棉籽台时处理量过低 | 1. 棉籽供应量不足，或在进料斗的给料辊上棉籽拥塞<br>2. 喂籽磁性板与拨籽辊的隔距过小，喂籽量小<br>3. 锯片辊筒使用时间过长，锯齿变钝，剥绒效率降低<br>4. 拨籽辊自动调节装置失灵，影响喂籽量<br>5. 棉籽卸落于磁性板上，不能顺利进入工作箱<br>6. 棉籽梳与肋条排面间距过小<br>7. 锯片伸出肋条排高度低，或锯片直径太小，工作齿数少<br>8. 剥绒机传动部件失灵 | 1. 检查进料情况，增加供应；及时疏通进料斗<br>2. 扩大隔距，增加拨籽量<br>3. 及时修磨锯片的锯齿<br>4. 检查、修复或更换拨料辊自动调节装置<br>5. 调整磁性板倾斜度<br>6. 旋转抱合板上的偏心轴使抱合板升高，适当扩大排籽道<br>7. 调整降低肋条排高度，更换锯片<br>8. 检查失灵部件，予以调整修复 |

续表 12

| 故障现象 | 故障原因 | 排除方法 |
| --- | --- | --- |
| 出绒率低 | 1. 锯片使用周期过长，齿锋变短变钝 | 1. 定期修整锯片，保持锯片的良好工作状态 |
| | 2. 棉籽梳与肋条排面间距过大，排出的棉籽过毛 | 2. 按配车规格调整棉籽梳与肋条排面间距 |
| | 3. 拨籽辊叶板顶端与锯齿齿尖距离过大，或拨籽辊传动失灵 | 3. 调整拨籽辊叶板顶端与锯齿齿尖的隔距，或恢复拨籽辊的正常运转 |
| | 4. 落绒过多，又不及时回收 | 4. 调节排杂调节板或上排杂刀，减少落绒，及时清理回收下脚绒 |
| | 5. 集绒尘笼网孔太大，短绒流入尘室 | 5. 调换集绒尘笼的铅丝网 |
| | 6. 下脚绒回收不净，损失资源 | 6. 及时清理回收下脚绒 |
| 排出的杂质内带有较多的棉籽 | 1. 肋条磨损过甚，隔距过大，以至漏籽 | 1. 更换符合规格的肋条 |
| | 2. 肋条脱落或折断 | 2. 重新装好脱落肋条，或取下断肋条，更换新肋条 |
| 排出的杂质内含有较多的短绒 | 气流式锯齿剥绒机： | |
| | 1. 上排杂刀口与锯齿齿尖间的间距过小 | 1. 调整上述间距至 2～3 毫米 |
| | 2. 吸绒口吸绒风速低 | 2. 适当提高吸绒风速 |
| | 毛刷式锯齿剥绒机： | |
| | 1. 下排杂口开口太大 | 1. 调整排杂调节板至适当位置 |
| | 2. 排风不畅，排杂板口补风量小 | 2. 疏通输绒管道，清除尘笼网黏附物，清扫除尘装置 |
| | 3. 毛刷箱漏风，毛刷补风量小 | 3. 盖好毛刷箱罩壳、或修补漏风处 |
| | 4. 后挡风板距毛刷间距大，产生回绒回风 | 4. 调整两者间距至 1～2 毫米 |

# 五、茶叶加工机械

茶叶是一种常用饮料，不同茶叶的加工工艺各异。茶叶加工的基本工艺是：摊放→杀青→揉捻→干燥，其相应的加工机械主要有杀青机、揉捻机和烘干机。

**中国茶叶分类**

茶叶分为绿茶、黄茶、白茶、青茶、黑茶和红茶六大类。

## （一）茶叶杀青机

杀青是绿茶加工中的关键工序，其主要作用：一是通过高温破坏和钝化鲜叶中酶的活性，制止鲜叶中多酚类物质氧化，以防止叶子变红，散发叶内水分，并使鲜叶中的内含物发生一定的化学变化，从而形成绿茶的品质特征；二是通过高温使叶内部分水分蒸发，叶子变软，为揉捻造型创造条件，同时鲜叶中有青草气的低沸点芳香物质随着水分的蒸发挥发消失，从而使茶叶香气得到改善。

1. 选型

在选购茶叶杀青机时，应综合考虑茶叶外形、生产规模、制茶工艺和杀青机性能等因素。

常用杀青机械主要有锅式杀青机、滚筒式杀青机、蒸汽式杀青机和微波式杀青机四种。直、扁形茶叶宜选择蒸汽杀青机和微波杀青机，其他叶形易选用滚筒杀青机。如果产量大，应选择滚筒杀青机和蒸汽杀青机。如果要求茶叶色泽更绿，应选择微波杀青机和蒸汽杀青机。

2. 常见机型

(1)锅式杀青机

锅式杀青机就是传统的手工杀青的机械化演变，主要由炒茶锅、炒叶腔、传动装置和炉灶部分组成，如图 28 所示。

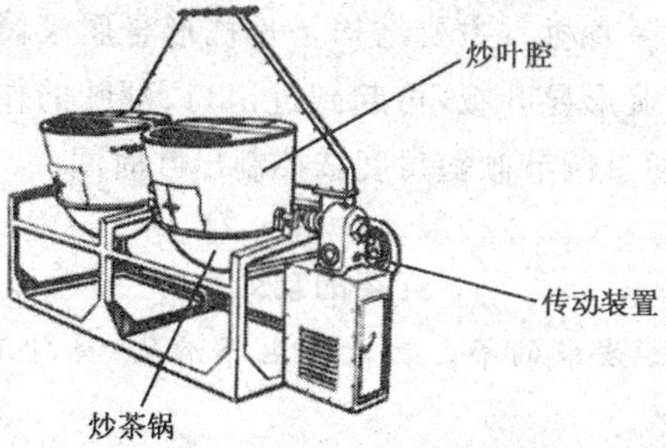


图 28 锅式杀青机

锅式杀青机特点是结构简单，操作简便，出叶快，杀青效果良好，价格较低；但不能连续作业，易焦边叶，出叶不干净，在出叶时需要人员操作。锅式杀青机多用于加工高级名茶。

**绿茶的功效**

绿茶以茶树新梢为原料，经杀青、揉捻、干燥等典型工艺过程制成的茶叶。绿茶有降血脂，降血压，抗衰老，减肥美容，提神和防止辐射的功效。

使用锅式杀青机进行杀青时，温度应掌握“高温杀青，先高后低”的原则，切忌忽高忽低。一般锅温掌握在 220～280℃，视鲜叶老嫩与表面水多少而异。晴天嫩叶 220～230℃，老叶为 230～240℃；雨水叶为 260～270℃；投叶量一般在 5～7 千克鲜叶。杀青时间要求高温快速，一般晴天嫩叶 7～8 分钟，老叶 5～6 分钟，雨、露水叶 10 分钟左右。杀青到鲜叶变为暗绿失去光泽，叶质柔软，用手紧捏成团松手不易散开，略有黏性，并显露清香为适宜程度，此时应立即起锅。

(2)滚筒式杀青机

滚筒式杀青机由筒体、炉腔、机架和传动机构组成，多为机灶一体，如图 29 所示。滚筒杀青机是以翻炒为主，兼有蒸杀作用的高效率连续式杀青机。主要结构是长柱形金属滚筒，内装有三段不同角度的螺旋形导叶板，可起到进出口、翻叶的作用，筒内还装有调节机构，通过调节倾斜角度来控制出叶时间。

**红茶的功效**

红茶是经发酵的茶。功效有生津清热、提神消疲、养胃护胃、舒张血管。

滚筒式杀青机具有操作方便、劳动强度小、工效高，能连续作业，且还具有叶温升高快，杀青均匀等特点。

图 29　滚筒式杀青机

滚筒式杀青机的主要技术参数是筒体直径，以此划分不同型号。例如：6CST-30 的含义为，6—农副产品加工机械，C—茶叶加工机械，S—杀青机，T—滚筒，30—筒体直径 30 厘米。常用滚筒杀青机型号及主要技术参数见表 13。

**表 13　常用滚筒杀青机型号及主要技术参数**

| 型号 | 春江 6CST-30 | 春江 6CST-40 | 华帅 6CST-50 |
|---|---|---|---|
| 滚筒直径(毫米) | 300 | 400 | 500 |
| 滚筒转速(转/分) | 32～36 | 29～34 | 26 |
| 生产效率(千克/小时) | 25～30 | 70～85 | 100～160 |
| 电机功率(千瓦) | 0.37 | 0.37 | 0.75 |
| 外形尺寸(毫米) | 2 000×550×1 000 | 2 600×700×1 450 | 3 200×820×1 400 |

(3)蒸汽式杀青机

蒸汽式杀青机是应用常压 100℃蒸汽进行杀青,它由网带、蒸汽发生器、机架和传动机械等部件组成,如图 30 所示。

**青茶的功效**

青茶也称乌龙茶,是经过杀青、萎凋、摇青、半发酵、烘焙等工序后制出的茶类。功效有改善皮肤、瘦身、预防老化、降血脂的功效。

图 30　蒸汽式杀青机

蒸汽杀青是使杀青叶直接与蒸汽接触，蒸汽对鲜叶穿透力强，因而叶温升高快，在半分钟内完成杀青工序，所获得的绿茶产品芽叶完整，色泽绿翠，汤色绿亮，香气独特，不仅完全避免了传统绿茶制法所造成的烟焦味，而且在很大程度上可消除夏秋茶的苦涩。蒸汽杀青的不足之处是其杀青叶的含水量比锅式及滚筒式杀青高，不利于后续的揉捻工序。

蒸汽式杀青机主要技术参数是生产效率，以此划分不同型号。例如：6CZS-100 含义为，6—农产品加工机械；C—茶叶加工机械；Z—蒸汽；S—杀青机；100—生产效率 100 千克/小时。

(4)微波杀青机

微波杀青机是新型的杀青机械，主要由茶叶喂料口、电器控制箱、微波箱、机架和茶叶输送装置组成，如图 31 所示。

**图 31 微波杀青机**

微波杀青机具有加热速度快，微波直接对茶叶的内外部同时加热，无须预热过程，开机即可加工的特点；微波杀青具有灭菌的功能，是无公害、环保型设备。

微波杀青机以设计代号区分不同的型号。例如：6CZW-1 含义 6—表示农产品加工机械；C—茶叶加工机械；S—杀青机；W—微波；1—第一次设计。

3. 使用维护

滚筒杀青机是目前最常用的茶叶杀青机械，根据燃料不同，分为柴煤式和电热式两种。柴煤式杀青机，生产成本低，效益高。下面以 6CST-30 型柴煤式杀青机为例，介绍其使用方法。

(1)安装

滚筒式杀青机一般顺墙安装，以便排烟。安装时，先把机架和炉灶定位，再架设托轮。炉壁与筒体上挡护烟圈的间隙在 15 毫米左右为宜，以使筒体无卡死现象。最后再装好传动部件、上叶机构和下叶排湿装置。

(2)调试

滚筒杀青机安装完毕后，要进行调试。调试时，应缓缓转动烘炉，并认真检查旋紧各部位固定螺钉。在各传动部位还须加注规定品种的润滑油，用手轻轻拨动筒体来检查筒体的运转情况，待一切正常后方可开机。

(3)使用

①点火后，以煤为主燃料升温，火苗逐渐烧旺，使杀青机四周壳体及筒体温度达到相对均匀，数分钟后，再用温度计测定筒体内温度。

②当筒内有少量火星闪烁，同时温度达至 200～300℃，即可投放鲜叶，筒内温度稳定后再均匀投叶，并时时注意杀青质量，从青叶投入至出叶需 4～5 分钟，不同等级及不同季节的鲜叶的杀青时间不同，一般说掌握“高温杀青，闷抛结合，少闷多抛，老叶嫩杀，嫩叶老杀”的原则。

③春茶嫩叶投叶量掌握在 150～200 千克/小时，夏茶老叶投叶量掌握在 200～250 千克/小时。杀青后叶子叶色暗绿，手捏叶质柔软，略有黏性，梗折不断，手捏成团，略有弹性，青气消失，茶香溢出。

④杀青叶出筒时，应开启风扇吹凉青叶，使出筒青叶迅速降温，同时将黄片或焦片吹出，接着应将青叶易地薄摊，以让其继续降温并产生回潮作用。

(4)清洁

杀青结束时，应立即撤出炉膛内的余火，使滚筒继续运转至筒内温度降至60℃以下时方可断电关机。停机后应清除筒内残留物，同时擦净机器外表，清理现场，保持设备和场地的卫生清洁。

(5)维护保养

①3个月或频繁使用时1个月便更换蜗轮蜗杆减速箱内的润滑油，润滑油可选用10号、20号或30号机油。

②清除所有摩擦面上的污垢，尤其是对链条和链轮要进行清洗，重新加注润滑油。

③链条若过松，可先采取去掉几节的方法进行调整，若已严重拉长，则应更换。调整和更换链条时应注意：链条接头处弹簧卡片的安装方向应与链条的运转方向一致，以免运行时产生冲击、跳动，甚至碰撞脱落。

④每年对所有滚动轴承进行拆洗，并加注新的润滑脂，可采用钙钠基润滑脂。

⑤检查炉灶是否漏烟，若发现漏烟，应对滚筒挡烟圈、炉灶和烟囱等进行检查，发现损坏应及时修复和更换。电热式杀青机应检查电热管有无损坏，如损坏应更换。

## (二)揉捻机

揉捻是为了改变茶叶的形状。茶叶的揉捻是让杀青后的叶团在揉桶中做匀速平行圆周运动，受到揉桶、压盖、揉盘、棱骨及叶团自身的多方向力的复合作用，使其沿各自叶片主脉搓揉成条索状，同时捻碎叶细胞。揉捻所用机械一般为盘式揉捻机。

### 1.结构和工作过程

盘式揉捻机主要由传动装置、揉筒装置、揉盘装置和加压装置4个主要部分组成，如图32所示。盘式揉捻机操作简便，可保持茶叶纤维组织不致破坏，且能确保茶叶品质均一。

工作时，电动机的动力通过减速装置和齿轮组传递到主轴上，驱动揉桶在布置有棱骨的揉盘上做旋转运动。揉捻过程中，压力调整通过丝杆和螺母的运动控制压盖的升降来实现。压盖的上、

图 32　盘式揉捻机

下浮动由弹簧控制。茶叶从揉桶的上方投入其中，揉捻完毕的茶叶从揉盘中央的出茶门排出。

2. 技术参数

盘式揉捻机主要技术参数是压盘直径，以此划分不同型号。例如：6CR-35 其含义，6—农副产品加工机械，C—茶叶加工机械，R—揉捻机，35—压盘直径 35 厘米。常见盘式揉捻机型号及主要技术参数见表 14。

表 14　常见盘式揉捻机型号及主要技术参数

| 型号 | 筒体规格（毫米） | 揉桶转速（转/分） | 配用功率（千瓦） | 生产效率（千克/小时） | 外形尺寸（毫米） |
|---|---|---|---|---|---|
| 6CR-35 | 350×280 | 55 | 0.55 | 20～30 | 960×800×1 190 |
| 6CR-Z45 | 450×340 | 50～55 | 1.1 | 50～140 | 1 160×1 120×1 280 |
| 6CR-Z55 | 550×440 | 50～55 | 2.2 | 60～160 | 1 300×1 208×1 385 |

3. 使用操作

①揉捻作业前，应悉心检查揉捻机各紧固件是否松动，若发生松动，应及时加以紧固，以防止揉捻机因部件松动而在运行中发生机械故障、影响茶叶正常揉捻作业及茶叶揉捻质量。此外，在揉捻

作业前，还应仔细清洁揉捻机各部位，使各部位在干净清洁的状态中进行揉捻工作，以避免茶叶在揉捻工序中遭受污染，确保茶叶品质不受影响。

②适量装叶，注意揉捻压力。揉捻作业时，打开加压盖后向揉桶内装置已经过杀青工序的茶叶，装叶时应按规定的容量，切忌过多或过少，然后方可关上加压盖、开机进行揉捻。揉捻时，应按照轻、重、轻的原则加压，并正确控制加压时间。

4. 维护保养

(1)清洁

关机停转后要及时清扫揉桶和揉盘，必要时还需用水洗去茶垢，以保持揉捻机具清洁卫生。

(2)润滑

①每运转半天，应对各曲臂轴承等部件加注润滑油 1 次。

②加压装置的螺杆机构每天应加 1 次润滑油，加油时应适量，以免溢出的油液污染茶叶。

③用黄油涂封各滑动部件，以免生锈。

④三角带的张紧度稍微放松后涂上少量滑石粉。

(3)调整

三角带张紧度应保持适当，过紧则皮带易损坏，轴承易发热，过松则会造成传动时皮带打滑。一般情况下，三角皮带的张紧度以大拇指能按下 15 毫米左右为宜。

(4)更换

在年终保养时，最好更换新带，以保证来年的正常运转。选用的三角皮带，其长度和型号应参照使用说明书。皮带截面型号应与轮槽型号一致，以保证三角皮带截面在轮槽中的正确位置。新装的三角皮带外缘可略高于轮缘。

新机器投入使用运转达 10 小时后，应更换减速箱内润滑油。先将减速箱内含有磨下铁屑的润滑油放掉，用柴油或煤油反复清洗，待清洗油液放干后再加新的润滑油。

5. 故障排除

揉捻机常见故障及排除方法如下。

(1)揉筒不转或反转

故障原因：揉捻机不转的原因有主动曲臂与主动轴之间止头螺钉松动，电机输出三角皮带松弛打滑；反转的原因是电机三相电接法错误。

排除方法：拧紧止头螺钉，张紧或更换三角皮带；交换电机任意两根输入电源线。

(2)运转噪声大

故障原因：齿轮减速箱内润滑油不足，减速箱内齿轮磨损，电机风扇碰外壳等。

排除方法：加足润滑油，更换齿轮，调整风扇外壳。

(3)揉盖碰撞揉筒

故障原因：单臂立柱下端紧固螺栓松动，压盖与压盖帽之间连接螺钉松动等。

排除方法：拧紧松动螺钉。

## (三)烘干机

茶叶干燥的目的是蒸发水分，整理外形，充分发挥茶香。干燥方法有烘干、炒干和晒干 3 种形式。目前茶厂中烘干作业大都采用对流干燥技术，即使用加热了的气体与湿茶叶接触，气体中的热量以对流方式传给湿茶叶，茶叶中水分被汽化后为气体所带走，从而达到干燥的目的。

> 绿茶的干燥工序，一般先经过烘干，然后再进行炒干。使含水量降低至符合锅炒的要求。
>
> 红茶的干燥是将发酵好的茶坯，采用高温烘焙，迅速蒸发水分，达到保质干度的过程。

1.选型

茶烘干机械有盘式、手拉百叶式和自动烘干式等类型，主要用于烘干型或半烘炒型名优茶的初烘和足火烘干。

盘式烘干机特点是工作稳定，能耗低，热效率高，占地面积小，适合于小规模作坊式的生产。

手拉百叶式烘干机多用于烘干名优茶叶生产。

自动烘干机自动化程度高，能够自动连续作业，生产率高，操作方便，但机器结构复杂，造价较高，适合于大型茶叶生产车间。

2.常用机型

(1)盘式烘干机

盘式烘干机也称抽屉式烘干机，如图 33 所示，由热源、引风机、烘盘和烘箱等机构组成。热源有电热式和煤柴式两种；烘盘以冲孔板或铜丝网作底，配以木质边框，状似抽屉，插入烘箱内，层数以设计摊叶面积而定，有 6～16 层不等，摊叶面积为 0.5～9 米$^2$。

图 33　盘式烘干机

(2)手拉百叶式烘干机

手拉百页式烘干机多选用摊叶面积为 4 米$^2$ 的 6CHB-4 型，如图 34 所示，由烘箱、风机和热风炉等机构组成。烘箱内有 4 层百叶烘板，百叶烘板用薄钢板冲孔制成，烘箱通过风管与引风机和金属式热风炉相连接。

**图 34　手拉百叶式烘干机**

手拉百叶式烘干机主要技术参数是烘板层数，以此划分不同型号。例如：6CHB-4 其含义为：6—表示农副产品加工机械，C—茶叶加工机械，H—烘干机，B—百叶式，4—烘板层数。6CHB-4 型手拉百叶式烘干机主要技术参数见表 15。

**表 15　6CHB-4 型手拉百叶式烘干机主要技术参数**

| 烘干面积（米$^2$） | 烘板层数 | 生产效率（千克/小时） | 热风炉 | 外形尺寸（毫米） |
|---|---|---|---|---|
| 3.24 | 4 | 15～25 | FP-7 | 1 400×710×1 120 |

(3)自动烘干机

自动烘干机由上叶输送装置、干燥室、变速装置和热风炉等机构组成，如图 35 所示。

输送装置：输送装置与地面呈 30°倾角，前面设有上料工台，

图 35　6CH-3 型茶叶烘干机

湿物料由此加入，前部设有可调节物料摊放度的匀料器，从而适应不同物料的烘干要求底部。配置活动门，可及时将风道中积聚物料排的出机外，输送装置和干燥室最上层烘板连成一个循环，热风通过干燥室进入输送装置。

干燥室：干燥室内有循环运行的若干组烘板，物料匀摊其上一起移动，并且自上而下逐层翻落，动力由变速装置输入，各组烘板的运行速度从上至下渐次减慢，以符合物料的干燥规律，底部设有自动清扫装置，能自动不断地扫除漏下的碎末，干燥室后端连接送风装置，风分层送入，烘好的物料由前端下部卸出。

变速装置：变速装置为无级变速器，可根据不同物料的烘干要求和初终含水率在一定范围进行无级调速。

热风炉：热风炉主要为主机提供热能，热风炉热效率达 60% 以上。

工作时，金属式热风炉产生的热风，由风机分层送入烘箱内各烘层，传动机构带动上叶输送装置和各层网带运转，上烘叶由上叶输送装置送到上层网带，随网带不断前进，并顺序落到第 2 层、第 3 层，热风不断穿透网带上的叶层，使叶内水分蒸发，完成烘干过程。这种烘干机，生产中使用的有摊叶面积分别为 0.75～2 米$^2$ 的多种型号，产量为 5～15 千克/小时。

自动烘干机型号主要技术参数是烘干面积，以此划分不同型号。生产中使用的主要有总摊面积为 1 米$^2$ 和 3 米$^2$ 等规格。例如 6CH-3，6—农副产品加工机械，C—茶叶加工机械，H—烘干机，3—烘干面积 3 米$^2$。6CH-3 型茶叶烘干机主要技术参数见表 16。

**表 16　6CH-3 型茶叶烘干机主要技术参数**

| 烘干面积（米$^2$） | 金属炉 | 生产效率（千克/小时） | 电机功率（千瓦） | 外形尺寸（毫米） |
|---|---|---|---|---|
| 3.4 | 6CZR-15 | 15～20 | 0.75 | 3 100×840×1 450 |

3. 使用操作

自动烘干机是目前最常用的茶叶烘干机械，特点是机械化程度高，效益高。下面以 6CH-3 型烘干机为例，介绍其使用方法。

①点火前检查与调整：变速装置和烘板的运转方向，确认转向正确，无卡阻和不正常情况；各润滑部位的润滑油（脂）的情况是否良好；各紧固件和；连接螺栓的紧固情况；调整链轮中心距，使链条松紧适度。

②点火后即可启动引烟机，5～7 分钟以后必须启动主风机。

③开动变速装置，使烘板转动，对烘干机加温。

④当机内温度升到符合制茶温度即可投叶。

⑤观察烘后在制茶的含水量情况，如不合适调节调速旋钮；随时调节投叶量并察看下叶均匀情况，并调节热风炉的送风量和温度与之相匹配。

⑥烘干结束时，要及时取出旺煤，使烘干机和炉体降温。

4. 维护保养

烘网是烘干机中的易损装置，应经常检查，损坏时应及时更换。更换方法为：先将该层烘网主传动端链轮卸下，操作者面向机器，在机器左侧将该层烘网主、被动轴端端盖上的螺栓拧下，抽出主、被动轴部件，打开观察门，将烘网链条取出箱体，换上新烘网时，注意每间隔 6～8 根托网辊用不锈钢丝将烘网与托网辊绕拧紧固，然后按上述相反步骤安装调试。注意在以被动轴两端的调距座调整烘网链条张紧度时，链条不可过紧或过松，并且左右两根链条张紧度必须保持一致。

此外，还应检查与自动烘干机配套使用的热风炉各部件，如炉膛、炉栅、烟囱、内壁以及热风管道接头等处有无损坏，如有损坏，应修复或更换。

5.故障排除

自动烘干机常见故障及排除方法如下。

(1)烘网不运行和传动链落链

故障原因：传动链未张紧或者传动链轮变形等。

排除方法：移动链条张紧轮或校正传动链轮。

(2)蜗轮箱发热

主要原因是润滑油过少。解决方法是添加机械润滑油到规定高度。

(3)电动机发热或声音异常

故障原因：电机缺相运行或负载太大等。

排除方法：恢复三相供电或减小负载。

(4)热空气流量不足

故障原因：风管与箱体连接处漏风。

排除方法：漏风处用石棉绳垫衬。

(5)热风温度偏低

故障原因：烟囱积灰排烟不畅。

排除方法：清除烟囱积灰。

(6)烘网断裂

故障原因：烘网链条太紧或异物卡阻等。

排除方法：换网或除去异物。

# 六、薯类加工机械

薯类加工机械是指将红薯、马铃薯等薯类加工成薯干、淀粉、粉条等食品和工业原料的单机或联合加工机械。常见的薯类加工机械主要有磨浆分离机、粉条机和小型联合淀粉加工机械等。

## (一)磨浆分离机

磨浆分离机能一次完成薯类粉碎、磨浆、浆渣分离过程,具有结构简单、使用维护方便、生产效率高等特点。现在农村使用较多的磨浆分离机是6SF-20型薯类磨浆分离机,如图36所示。

**图36 6SF-20型薯类磨浆分离机**

1. 结构和工作过程

6SF-20型薯类磨浆分离机采用立式旋转辊刀、砂轮磨、离心分离机构,主要有机架、机壳、机盖、料斗、刀辊、砂轮磨、离心筛和电动机等主要部件组成,如图37所示。

工作过程:鲜薯加入料斗,被旋转的刀辊切成碎块,与上水管

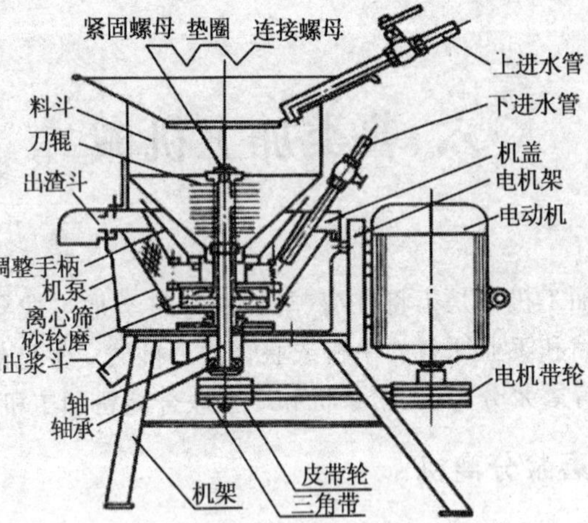


图 37　6SF-20 型薯类磨浆分离机结构

的给水一起进入砂轮磨，被磨成薯浆，薯浆在砂轮磨的旋转离心力作用下，浆渣被直接甩到分离筛底部，浆渣经下水管给水后进一步稀释，借助分离筛旋转的离心力，将淀粉浆通过筛网甩出，注入出浆口，薯渣沿分离筛内斜面上移，进入储渣室，由出渣口排出。

2. 安装调整

(1)安装

该机需与 Y132S-4 型电动机配套使用，机架上设有安装电动机的相应螺栓孔，在安装与薯类磨浆分离机配套的水桶时，应使其与磨浆机有 2 米以上的落差，提高供水效果。

(2)调整

供水量的调节：通过改变进水管上阀门的开度大小调整供水量的大小。加工时，鲜薯与清水的重量比在 1∶4 左右。

砂轮间隙的调整：可通过转动调整手柄调整两砂轮的间隙。顺时针转动手柄，砂轮间隙增大；逆时针转动手柄，间隙变小。调整手柄每转 1 圈，砂轮间隙约改变 2 毫米左右。

料斗与刀辊间隙的调整：一般刀辊最下面的刀尖与料斗壁之间间隙应在 8～10 毫米，其间隙大小可通过改变刀辊固定位置的高低来调整。调整时，松开刀辊顶部紧固螺母，取下开口垫圈，顺时针旋转连接螺母，间隙减小；逆时针旋转连接螺母，间隙增大。调整合适后，装上开口垫片，拧紧紧固螺母。

3. 安全操作

①薯块必须清净，严禁薯块内夹带石子、钉子等杂物进入机内。

②喂入薯块要均匀连续，料斗中薯块与刀辊上平面应持平，这时薯块随同料斗中多时，要加大下部供水量。

③粉渣中含水量较多、游离淀粉含量较少时，要减少下部供水量。

④工作开始前，调整上下砂轮片到轻微接触，然后使其脱离接触调到磨浆时所需。

4. 故障排除

磨浆分离机常见故障及排除方法见表 17。

**表 17　磨浆分离机常见故障及排除方法**

| 故障现象 | 故障原因 | 排除方法 |
|---|---|---|
| 磨浆机不出浆 | 1. 电动机反转<br>2. 磨片磨损严重、磨片松动 | 1. 改变电动机运转方向<br>2. 更换或拧紧磨片 |
| 浆水难以滤出 | 滤筛使用时间过长，被脏物糊住而堵塞 | 停机，将滤筛卸下，清理滤筛，清洗后安装 |
| 浆液浓度过稀 | 加水量过多 | 控制加水量。一般料水比掌握在 1∶4 左右 |
| 磨出浆渣太粗糙 | 1. 砂轮磨损大<br>2. 砂轮间隙过大 | 1. 更换砂轮<br>2. 重新调整间隙 |
| 浆液中混有浆渣 | 筛子上有破洞 | 用相同的尼龙网布及时补好筛子或者更换尼龙网 |
| 电动机过热 | 1. 磨浆机负荷过大<br>2. 磨片间无间隙，接触太紧<br>3. 电网电压不稳 | 1. 减少进料<br>2. 调整磨片间隙<br>3. 找出原因排除 |

## (二)小型薯类联合淀粉加工机械

小型薯类联合制粉加工机械由洗薯机、破碎磨浆分离机、薯类脱水机等多种单机联合而成。

**小型薯类淀粉加工的五个阶段**

清洗：是保证淀粉质量的基础，清洗越干净，淀粉质量越好。

破碎：破坏薯类组织结构，使微小淀粉颗粒能分离出来，它直接影响出粉率和淀粉质量。

浆渣分离：将破碎的原浆，以水为介质，使薯渣中含的淀粉浆水进一步滤出。

淀粉沉淀：促使淀粉与水及蛋白、细小纤维相分离，增加淀粉浓度，提高淀粉品质。

淀粉脱水：进一步去除淀粉中的水分，便于储存和进行干燥。

1.洗薯机

常见的洗薯机有鼠笼式洗薯机和自动上料式洗薯机两种。

(1)自动上料洗薯机

自动上料洗薯机常用于沙土地种植的薯类清洗加工及泥土地种植的薯类第2次精洗加工。该机具有清洗、去除薯类块根表皮、自动上料等功能，如图38所示。

该机工作时，进入机内的薯类块状原料在水流的冲刷下，泥沙、皮渣等杂质随底部排渣口自动排出，洗净的物料则被提输送至磨浆机内。该机具有结构紧凑、清洗干净、节水、节电、高效的优点。

(2)笼式洗薯机

笼式洗薯机常用于泥土地种植的薯类的首次粗洗，它是利用

图 38 自动上料洗薯机

摩擦、撞击、揉搓等原理，对薯类块茎表面进行清洗，用以分离泥沙的机械，如图 39 所示。

笼式洗薯机的转笼采用鼠笼式结构，有利于清洗后泥沙的排放，机内设有可调的液位隔板，清洗水位可随意调整，整个系统采用逆流式传统工艺，极大提高了薯类块根的表面洁净度。

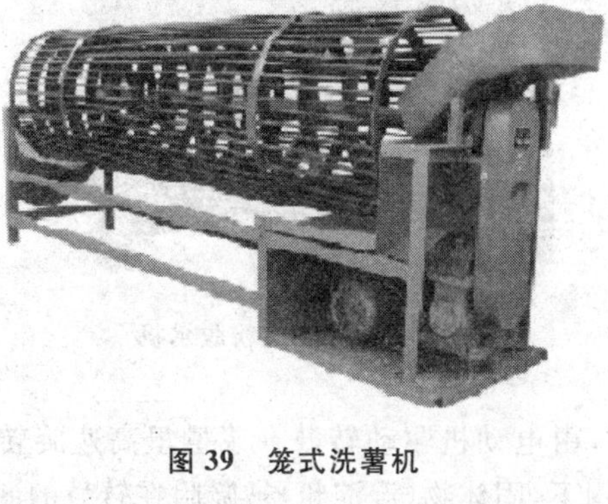

图 39 笼式洗薯机

2. 薯类破碎机

薯类破碎机是利用高速旋转的锤片，将清洗后进入破碎机内的薯类块根进行破碎，形成约 2 厘米大小的碎块以利于入磨，如图 40 所示。

图 40　薯类破碎机

3. 淀粉脱水机

淀粉脱水机主要有机架、转鼓、浆槽、电动机等组成，如图 41 所示。

图 41　薯类淀粉脱水机

工作时，由电动机驱动转鼓在浆槽里高速旋转，淀粉浆液在离心力的作用下，固体物（湿淀粉）被吸附在转鼓的滤布上，达到一定厚度时被固定的刮刀将固体物刮下，滤液被甩出脱水机，从而达到淀粉、水分离的目的。

该机结构简单，启动电流小，适应性强，直接制动迅速，效率高。

## (三)粉条机

粉条机用于把薯类淀粉制成各种规格的粉条。常用机型为SG-106型粉条机,其主要技术参数如下:

配套电动机:1.5千瓦;

额定转速:120转/分;

生产率:150千克/小时;

结构重量:157千克;

外形尺寸:长1 070毫米,宽330毫米,高500毫米。

1.结构和工作过程

SG-106型粉条机主要有机架、齿轮箱、螺旋压力器、漏粉筛片和电动机等组成,如图42所示。

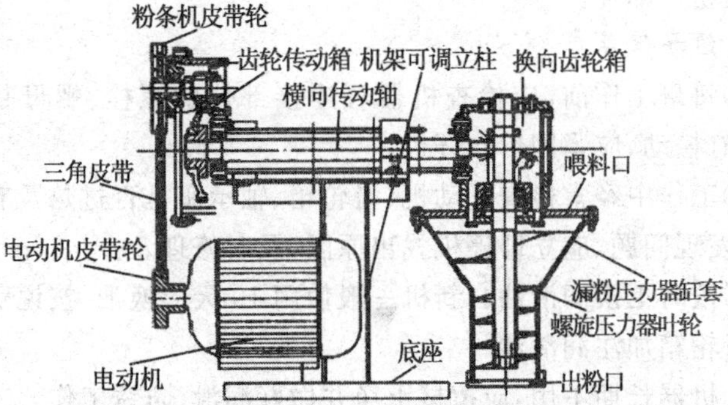


图42 SG-106粉条机结构

工作过程:将拌成糊状的淀粉,放入和面机搅拌均匀后,连续装入喂料口,在螺旋压力器叶轮的压力下,通过出粉口的筛片制成条形,进入开水锅内,煮熟后将粉条捞起投入冷水中,再捞起、挂好、晒干。

2.使用操作

①使用前,须将薯类淀粉放在锅内,加入相当于淀粉重量7%的温水将其化开,再用100℃开水烫熟,用木棍搅匀,倒入和面机内,然后加入相当于淀粉重量0.2%的明矾,以增强淀粉的筋度;再加入相当于淀粉重量1%的食盐,以防粉条晾干以后过脆折断。将和好的淀粉面揪成小块淀粉团,连续不断地投入喂料口。

②调整电动机三角皮带的松紧度。将电动机座两根固定螺栓松开,上下移动电动机,待三角皮带松紧度达到用手恰可压下15毫米左右,再拧紧固定螺栓。

③根据锅台和锅内水面高低,调整漏粉口位置,保持漏粉口距锅内水面100毫米。如不合适,可松开机架调节手柄的锁紧螺栓,转动调节手柄,调好后再锁紧螺栓。

④根据需要调换该机配有的漏细圆条粉、粗圆条粉或扁条粉三种漏粉口筛片。

3.维护保养

①每班工作前,应检查机器各连接部位的螺栓、螺母是否松动,如有松动,应紧固后在开机。

②工作中经常检查电动机、齿轮箱、轴承座是否过热及有异常声音,发现问题,应立即停机找出原因,及时修理。

③按时更换润滑油。新机一般使用10天应换油,按说明书规定给齿轮箱加注润滑油。

④机器长期不用,应擦拭干净并做好润滑、防锈工作。

# 七、饲料加工机械

将各种饲料原料加工成不同类型、规格饲料的机器称为饲料加工机械。常用的饲料加工机械有饲料粉碎机、饲料混合机、饲料制粒机和铡草机。

## (一)饲料粉碎机

饲料原料的粉碎是饲料加工过程中的最主要的工序之一。饲料的粉碎可增加饲料的表面积,有利于动物的消化和吸收,改善和提高物料的加工性能。通过粉碎可使物料的粒度基本一致,减少混合均匀后的物料分级。

**十一类常规饲料**

谷实类饲料,主要有玉米、高粱、大麦、燕麦等。

糠麸类饲料,主要有小麦麸、米糠等。

豆类饲料,主要有大豆、豌豆等。

饼粕类饲料,主要有玉米胚芽饼、葵花籽饼、棉籽饼等。

糟渣类饲料,主要有醋糟、甜菜渣、啤酒糟、豆腐渣等。

动物性蛋白饲料,主要有鱼粉、肉骨粉等。

块根、块茎类饲料,主要有马铃薯、甘薯、木薯等。

秸秆饲料,主要有玉米秸、高粱秸、麦秸等。

矿物质饲料,主要有贝壳粉、石膏、石盐等。

草粉类饲料,主要有苜蓿粉、白三叶草粉等。

饲用油脂。

1.选型

饲料粉碎机按结构可分为锤片式粉碎机、爪式粉碎机、盘式粉碎机和辊式粉碎机四类。

(1)锤片式粉碎机

利用高速旋转的锤片撞击作用使物料破碎。其结构简单、操作方便、价格便宜、适应性广,除水分较高饲料外,几乎可粉碎所有饲料。如淀粉含量较高的谷物,含油较高的饼粕,含纤维较高的果壳、秸秆等,是目前国内外饲料厂普遍采用的机型。

(2)爪式粉碎机

利用撞击和剪切作用,撞击部件与设备固定,撞击作用强烈,适合粉碎脆性硬质物料。

(3)盘式粉碎机(盘磨)

利用摩擦与切削作用粉碎饲料。盘式粉碎机的工作面有圆盘形或圆锥形,可以一盘固定、一盘转动,或两盘相向转动。该机适用于粉碎干燥而不含油的饲料,可得较细的成品。

(4)辊式粉碎机

用两个表面带有横向斜齿的同径磨辊,因相向或不同速转动而产生的剪切、挤压作用将物料粉碎,适合粉碎谷物饲料,不适于粉碎含油或含水分大于18%的物料。

本书只介绍在饲料生产企业中应用最多的锤片式粉碎机。

2.结构和工作过程

锤片式粉碎机主要由料斗、闭式磁选器、导向机构、转子和机壳等组成,如图43所示。

闭式磁选器装在料斗下方,物料进入粉碎室首先要经过磁选器,用以排出物料中的铁钉,铁块等铁磁杂质,防止进入粉碎室而损坏机件。

转子包括主轴、锤架板、销轴、锤片和轴承等,由于转子转速很高,故在维修时需做动平衡校验。

机壳分为上壳体和下壳体(机座),壳体内两侧分别装有两块筛板，筛板与转子共同组成粉碎室，物料在粉碎室被粉碎。

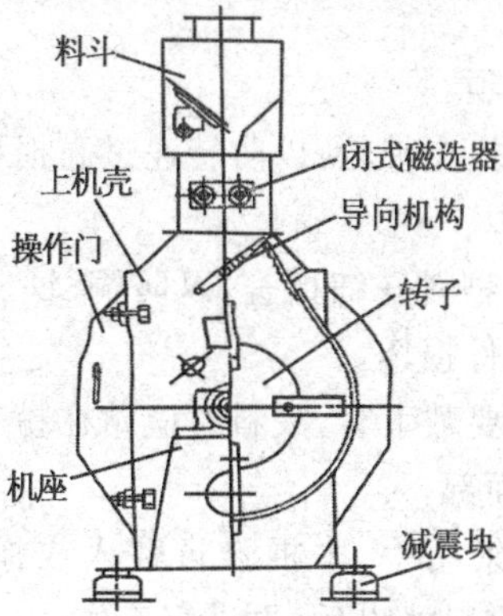


**图 43　锤片式粉碎机结构**

粉碎机的工作过程：原料由喂料器喂入，经料斗和磁选器，再经导向机构落入粉碎室，经过高速旋转的锤片的击打和筛板的摩擦作用而被逐渐粉碎，粉碎后的颗粒在离心力和气流作用下穿过筛板筛孔，经出料口由机座下方一侧的吸风排料装置出料。

3.使用操作

①检查各部分紧固件的紧固情况，若有松动须予以拧紧。检查皮带松紧度是否合适，电动机轴和粉碎机轴是否平行。

②先用手转动皮带轮或转轮，检查一下齿爪、锤片及转轮运转是否灵活可靠，壳内有无碰撞现象，转轮的旋向是否与机上箭头所指方向一致，机体润滑是否良好，也不得负载启动。

③在确认人机安全时方可启动粉碎机，粉碎机启动后先空转2～3分钟，没有异常现象后再投料使用。

④送料要均匀，以防阻塞闷车，不要长时间超负荷运转。工作中要随时注意粉碎机的运转情况，若发现有振动、杂音、轴承与机体温度过高、向外喷料等现象，应立即停机检查，排除故障后再继续工作。

⑤停车前应先停止加料，让机器运转几分钟后再停车，以便减少残留物料。

⑥安全注意事项。

a. 不要随意更换皮带轮，以防转速过高损坏转子，或转速太低影响工作效率。

b. 粉碎前应对物料仔细检查，以防铜、铁、石块等硬物进入粉碎室造成事故和机件损坏。

c. 操作人员不要戴手套，喂料时应站在粉碎机的侧面，以防反弹杂物、粒料打伤面部。

d. 堵塞时，严禁用手、木棍强行喂入或拖出饲料，应切断动力，将喂入室内的物料清出后，再进行工作。

4. 维护保养

①严格按照操作规程操作，每班应认真检查、维护和保养。

②机器工作 1 000 小时，轴承应拆洗一次，同时更换新的润滑脂。

③锤片、筛片、销轴等零件磨损或损坏时应及时更换或修理，转子部件更换零件后需进行动平衡校验。

a. 锤片式粉碎机的转子上对称安装有若干组锤片，相对应两组锤片的质量差不得超过 5 克。使用中锤片第一角磨损后可使转子反向旋转，利用锤片第二角工作。第二角磨损后可将所有锤片调头，用第三角工作，第三角磨损后可再令转子反转。四角全部磨损后，则必须更换全部锤片。

b. 应根据粉碎成品的粒度要求来选用相应的筛片，磨损或穿孔后的筛片应更换。筛片从两侧操作门处装入，并靠操作门压紧。

④如长时间停机，应将机内杂物清理干净，放置于阴凉、通风、干燥处，不得露天停放。

5. 故障排除

锤片式饲料粉碎机常见故障及排除方法见表 18。

**表 18　锤片式粉碎机常见故障及排除方法**

| 故障现象 | 故障原因 | 排除方法 |
| --- | --- | --- |
| 电机启动困难 | 1. 供电电压过低<br>2. 导线截面积过小<br>3. 启动补偿器过小 | 1. 错过用电高峰期使用<br>2. 换用粗导线<br>3. 换用大补偿器 |
| 电机无力过热 | 1. 电机两相运行<br>2. 电机绕组短路<br>3. 长期超负荷运行 | 1. 检查接线，三相运行<br>2. 检修电机<br>3. 额定负荷作业，必要时更换电机 |
| 粉碎机强烈震动 | 1. 锤片安装排列有误、锤片质量差过大、锤片卡住不能甩开等导致转子不平衡<br>2. 转子上其他零件导致转子不平衡<br>3. 主轴弯曲<br>4. 轴承损坏 | 1. 检查锤片，重新按排列要求安装，必要时更换锤片<br>2. 重新平衡校验转子<br>3. 校直或更换主轴<br>4. 更换轴承 |
| 粉碎室内异响 | 1. 异物进入粉碎室<br>2. 机内零件脱落或损坏<br>3. 锤筛间隙过小 | 1. 停机清除异物<br>2. 停机检查，排除故障<br>3. 使间隙符合要求 |
| 生产率显著下降 | 1. 电机功率不足<br>2. 锤片严重磨损<br>3. 物料含水量过高<br>4. 筛孔大小不符 | 1. 修理或更换电机<br>2. 掉头使用或更换锤片<br>3. 干燥物料<br>4. 更换合适筛板 |
| 进料口反喷 | 1. 输送管道堵塞<br>2. 筛板孔堵塞 | 1. 疏通堵塞<br>2. 清理筛孔或更换筛板 |
| 成品过粗 | 1. 筛板穿孔或严重磨损<br>2. 筛侧间隙过大 | 1. 更换新筛板<br>2. 停机使筛板和筛架贴合紧密 |
| 轴承过热 | 1. 轴承损坏<br>2. 主轴弯曲或转子不平衡<br>3. 长期超负荷作业 | 1. 更换新轴承<br>2. 校直主轴、平衡转子<br>3. 减少喂入量 |
| 联轴器异响 | 弹性圈损坏 | 更换新弹性圈 |

## (二)饲料混合机

将各种饲料原料互相掺和，使各组分均匀分布的机械称为饲料混合机。在饲料生产中，混合机的工作状况不仅决定着产品的质量，而且对生产线的生产能力也起着决定性的作用。

> 每头或每只畜禽每天或每餐的采食量只是工厂生产的某一批饲料中极少的一部分。为保证畜禽每餐都能采食到包含有各种营养成分的饲粮，就必须保证各组分物料在整批饲料中均匀分布，尤其是一些添加量极少而对畜禽生长又影响很大的"活性成分"，如维生素、微量元素、药剂及其他微量成分等，更要求分布均匀。

1. 选型

饲料混合机可按以下分类选型。

(1)按作业方式分

可分为分批式混合机和连续式混合机。分批式混合机将各种饲料原料按配方比例要求配置成一定容量的一个批量，将这个批量的物料送入混合机进行混合，一个混合周期即生产一个批量的产品；连续式混合机将各种饲料分别按配方比例要求连续计量，同时送入混合机内进行混合，它的进料和出料都是连续的。现代饲料厂普遍使用分批式混合机。

(2)按主轴的设置形式分

可分为卧式混合机和立式混合机。卧式混合机混合速度快，混合周期短，混合效果好，应用较广泛，常用机型有 SLHY 型卧式螺带混合机等。立式混合机结构简单、动力小、但混合周期长、残留量多，目前应用较少，常见机型有 9SP 系列立式螺旋混合机等。

(3)按运动部件分

混合机分为机壳回转型和机轴转动型两大类，饲料加工业多使用机轴转动型混合机。

2. 结构和工作过程

SLHY 型卧式螺带混合机主要由机壳、带螺带的转子、出料控制机构和传动机构等组成，如图 44 所示。转子采用双层环带状螺旋叶片，底部间隙很小。出料口在机体底部，全长出料。出料门用气动控制，卸料快而彻底。附有液体添加管道，可以添加油脂。

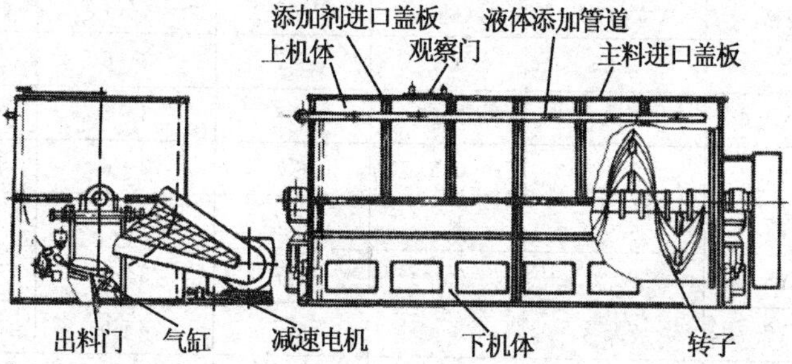


图 44　卧式螺带混合机结构

SLHY 型卧式螺带混合机有内外两层螺带，内外两层螺带分别为左右螺旋。当一条螺带把物料由混合机的一端送向另一端时，另一条螺带则把物料作反向输送，在混合机设计中，内层螺带又宽于外层，因此在机内产生强烈的对流和剪切混合作用。外圈螺旋与机壳之间的间隙大小是影响混合机混合效果及卸料残留量的重要因素。

混合机是空载启动连续运行的，当配合好的物料进入混合机之后，各组分物料就同时受到混合机螺带的作用，使处于混合机不同部位的物料不断翻动、对流、扩散或掺和而达到均匀地分布，用这类混合机混合配合饲料时，达到混合均匀所需的时间通常在 2～6 分钟。

卧式螺带混合机的优点是混合速度快，可以使用较短的混合周期，在混合稀释比较大的情况下（如 1∶10 万）也能达到较好的混合效果。螺带混合机不仅能混合散落性较差以及黏附力较大的物料，必要时也能加入一定量的液体饲料。当添加油脂或糖蜜时，添加量可达10%左右。但该机型占地面积大，配套动力较大。部分卧式螺带混合机的主要技术参数见表19。

**表19 部分卧式螺带混合机主要技术参数**

| 混合机型号规格 | 机壳有效容积（立方米） | 每批混合量（吨） | 混合均匀度CV(%) | 每批混合时间（分） | 配用动力（千瓦） |
|---|---|---|---|---|---|
| SLHY0.25 | 0.25 | 0.1 | ≤7 | 3～6 | 2.2 |
| SLHY0.6 | 0.6 | 0.25 | ≤7 | 3～6 | 5.5 |
| SLHY1 | 1 | 0.5 | ≤7 | 3～6 | 11 |
| SLHY2.5 | 2.5 | 1 | ≤7 | 3～6 | 18.5 |
| SLHY5 | 5 | 2 | ≤7 | 3～6 | 30 |
| SLHY7.7 | 7.5 | 3 | ≤7 | 3～6 | 37 |
| SLHY10 | 10 | 4 | ≤7 | 3～6 | 45 |
| SLHY12.5 | 12.5 | 5 | ≤7 | 3～6 | 55 |
| SLHY15 | 15 | 6 | ≤7 | 3～6 | 75 |

3.使用操作

①在使用混合机前，应先进行空车运转，察看运转是否平稳，有无不正常振动，出料机构关闭是否严密，待转子转速正常后再进料工作。

②混合机机体内物料的充满程度，以物料料面不低于主轴线平面、不高于外螺带外径最高水平面为宜。

③添加剂应在机内主料进入一半批量后加入，油脂等液体添加应在主料全部进入机内后再喷入。

④进入混合机的物料应经过筛选和磁选，以免混入硬块或金属杂质，损坏转子叶片。

⑤电机、汽缸及辅助元件的使用，应符合其说明书的规定。

⑥混合机电机的工作电流，不能超过其额定电流。

⑦停机不用时，油脂添加管道不得存留有油脂，以免油脂凝固，堵塞管道。

4. 维护保养

①出料机构应保持运动灵活、可靠。

②各轴承应定期更换润滑脂，选用 ZFG-2 号复合钙基润滑脂。

③传动链应刷上适量机械油，并定期清洗传动链。

④齿轮减速电机的润滑油推荐使用：夏季 N46 号机械油；冬季 N32 号机械油。第一次加油运转 500 小时后，应更换新油，以后每半年更换 1 次（单班 8 小时工作制），如为双班工作制，则应适当缩短换油周期。

5. 故障排除

①使用中如突然停机，应切断电源，打开出料门排出机内物料，查出并排除停机原因后，再打开电源启动电机。

②料门漏粉，应检查出料门与机壳间密封。如系密封条老化，应予更换；如系出料门关闭不严，应调整行程开关或托臂上的螺母。

## （三）饲料制粒机

饲料制粒机可将配合饲料挤压制成颗粒饲料，广泛适用于水产养殖，饲料加工厂，个体养殖户及中小型养殖场。

1. 选型

饲料制粒机械可分为环模制粒机、平模制粒机、对辊式制粒机和螺旋制粒机等。

（1）环模制粒机

通过环模和压辊对物料的强烈挤压使粉料成型，主要用于各种畜禽料、特种水产料和一些特殊物料的制粒，是目前国内外使用最多的机型，如图 45 所示。

**颗粒饲料优点**

①由于颗粒饲料密度大，体积减小，营养浓度高，经制粒熟化后，使原料成分（玉米、豆粕等）散发天然的香味，适口性明显增加，从而使动物的采食量也显著增加。

②配合颗粒饲料营养全面，在贮运和饲喂过程中可保持其均一性，减少饲喂损失8%～10%。

③缩短采食时间，减少仓容，便于贮运和饲喂机械化。

④在制粒过程中，饲料中某些有毒物质或抗营养因子（如胰蛋白酶抑制因子、血球凝集素等）因高温作用而被破坏，同时可杀灭90%的沙门氏杆菌等。

⑤颗粒饲料减少向空中、水中到处飞散粉尘而造成的损失。

⑥饲喂颗粒饲料使空气粉尘很少，减少了动物呼吸道疾病。

图45　环模饲料制粒机

(2)平模制粒机

利用平模和压辊的挤压作用使粉料成型,其结构较环模制粒机简单,但平模易损坏,磨损不均匀,国内的平模制粒机多为小型机,它较适用压制纤维型饲料。

(3)对辊式制粒机

利用一对反向等速旋转的轧辊使物料成型。因该机压缩作用时间短,颗粒强度较小,生产率低,一般应用较少。

(4)螺旋制粒机

利用圆柱形或圆锥形的螺杆对饲料挤压成型,其生产效率不高,我国多用于生产软颗粒饲料。

**制粒工艺流程**

饲料制粒工艺流程包括预处理、制粒和后处理三部分。预处理主要由调质器及其供汽、添加油脂系统完成;制粒由制粒器完成;后处理部分包括冷却器、破碎机及分级筛等。

2.结构和工作过程

环模饲料制粒机是国内外应用最广的饲料制粒设备,主要由料斗、给料器、调质器、制粒器、电机和传动装置等组成,如图 46 所示。

(1)调质器

饲料调质是在饲料压粒前在加入饲料的同时通入蒸汽和添加液料,使饲料与蒸汽和液料搅拌混合、湿热调质。

(2)制粒器

制粒器由压模、压辊、刮料板和切刀等组成,如图 47 所示。

环形压模是具有许多均布小通孔的环形柱体,制粒过程中,物料在环模与压辊之间的强烈挤压下通过环模的小通孔。压辊用来向压模挤压物料并使物料从模孔挤出成型。

有多少压辊就相应安装多少刮料板,应将刮料板调整到使其

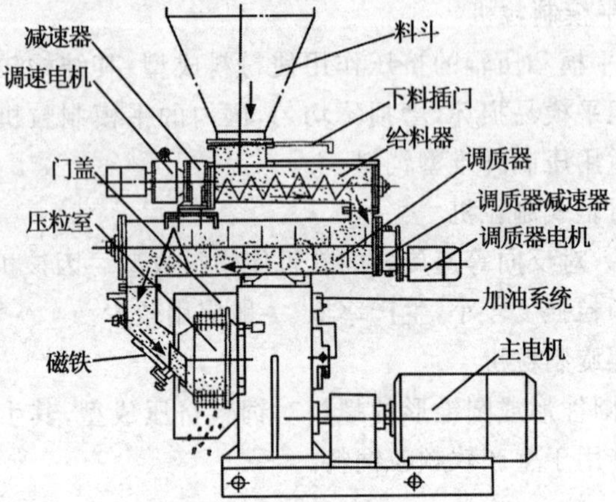


图 46 环模制粒机结构

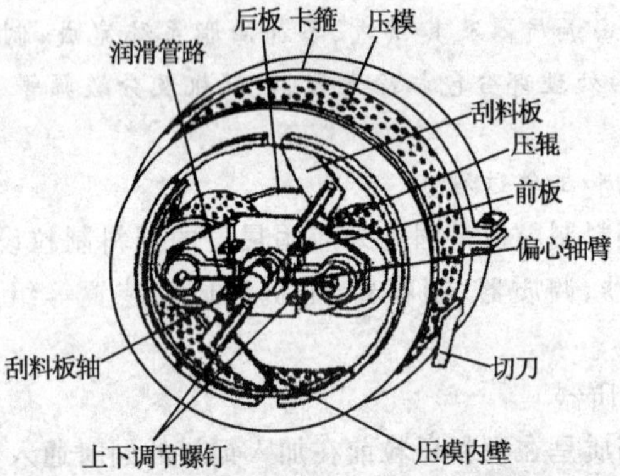


图 47 制粒器

上部边缘曲线与模、辊罩间隙为 2～3 毫米。

颗粒长度由切刀和压模距离、切刀径向位置及喂入原料的多少来控制。一般一个压辊安一把切刀，若需要很短的颗粒料，则可在一个挤压区内安上两把切刀。切刀应靠近压模，但不能与压模接触，以免损坏模孔出口。

工作时，料斗中的配合粉料由螺旋给料器输送到调质器，与加入的蒸汽、油脂等搅拌混合，进行湿热调质处理，随后喂入制粒器制粒。物料进入制粒器后，由于环模的高速旋转的离心力的作用及撒料器的刮料作用，将调质好的物料分配到模、辊之间。由于模、辊的旋转，将物料嵌入、挤压，最后成条柱状从模孔中连续挤压出来，再由安装在压模外侧的切刀切成一定长度的颗粒饲料。

3.调整研磨

(1)调整供料器喂入量

供料器的喂入量是通过改变供料器的转速来调整的，调整时，只需调节无极调速电机或无极减速器上控制器的调速按钮，就可以获得不同的转速，从而改变物料喂入量。

值得注意的是，在调整供料器转速的同时，应相应调整蒸汽流量，以保证物料有合适的温度和湿度，并保证主电机电流在额定值工作。

(2)调整调质器搅拌桨叶角度

搅拌桨叶角度影响到输料速度和调质时间，桨叶角度太大，调质时间短，影响调质效果；桨叶角度过小，易引起堵塞。因此，有必要对搅拌桨叶角度进行检查和调整。

检查方法：在制粒机工作时，关闭供料电机，打开手孔盖，观察调质器内物料高度是否在搅拌轴中心线。若高度过高或过低，说明桨叶安装角度过小或过大，应调整。

调整方法：抽出搅拌轴，稍松开桨叶的固定螺母，松开桨叶固定螺母，敲击桨叶，便可调整夹角大小。

(3)调整模、辊间隙

如图 48 所示，由于辊轴是偏心的，转动辊轴即可调整模、辊间隙。模、辊间隙一般在 0.05～0.3 毫米，调整时可用塞尺测量。间隙调整好后必须拧紧各止推螺母和锁紧螺母。

(4)调整切刀

如图 49 所示，切刀调整时，应先松开锁紧螺母，顺时针转动调

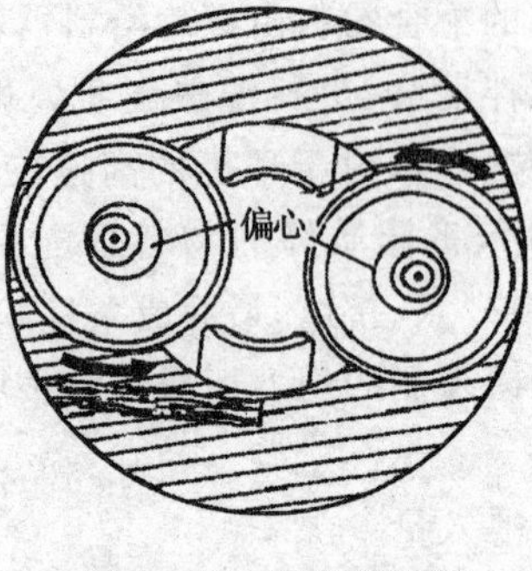


图 48　模、辊间隙调整

节手轮，切刀退出，颗粒变长；反之变短，调整好后应上紧锁紧螺母。

根据生产要求的颗粒长度调整切刀，但要注意颗粒的长度不得小于 3 毫米，以免切刀碰及压模，若需很短的颗粒，可在一个挤压区安两把切刀。

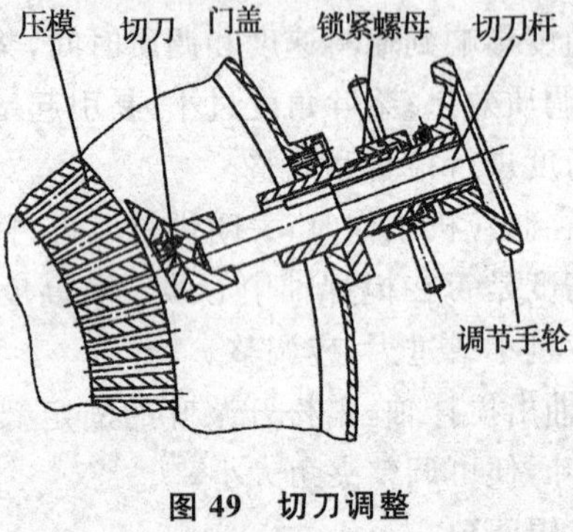


图 49　切刀调整

（5）研磨新模

由于加工和制造的原因，新模的模孔不光洁甚至模孔不出料，使用前要进行光洁处理：用圆锉或钻头清理模孔杂质，装上新模，调好模辊间隙，在模孔的进料面涂一层润滑脂，用含油物料对模孔进行研磨，待90%以上模孔出料时，再用含30%～40%细沙的含油物料进行研磨，经磨合处理后即可投入正常使用。

4.使用操作

(1)开机前检查

①检查喂料器、调质器、制粒机内有无存料、结块或杂物。

②检查减速器油位，检查转动部件是否正常。

③检查压模和压辊之间的间隙是否正常。

④检查安全装置是否起作用。

⑤检查汽路气压是否满足，汽路有无漏气，打开汽路放水阀排水。

⑥制粒机组要检查风门开启大小，风道是否畅通，破碎辊间隙是否正常。

⑦空载试转，检查压模是否顺时针转动，声音是否正常。

(2)开机

①接通总电源，依次启动关风器、制粒机，制粒机运转平衡后，启动调质器、给料器，同时控制汽阀，适量添加蒸汽。

②观察电流表刻度，增加给料量，同时增加蒸汽添加量，使制粒机电流表读数稳定在制粒机额定电流下。

③检查料温、料的粒度、感官判定颗粒料水分。

④按质量要求重新调节工作状况，直到最佳状态。

(3)停机

①减少料流的同时，减少蒸汽添加量。

②当料流降为零时，关闭气阀。

③按开机相反顺序关闭设备。

(4)安全注意事项

①压辊1小时注油1次。

②制粒机必须空载启动，严禁带载启动。

③制粒机工作电流不准超过额定电流。

④运转中严禁打开压模罩和侧盖。

⑤更换生产品种要注意调节切刀和破碎辊间距。

⑥制粒机堵机后要停机，清除压模内物料后再启动，严禁压模未停即用刮铲等工具清除堵物。

⑦严禁有堵料强行开机。

⑧维修时，要关闭总电源，并在控制开关板上挂有“禁止合闸，有人操作”牌。

⑨制粒机所用的安全销不得随意制造和代替。

⑩停机时用油粕或油拌物洗压模孔一次。

⑪制粒机操作时，各有关岗位要加强协调工作。

⑫运行中注意检查系统内其他设备。

⑬运行中注意检查除铁装置。

5. 故障排除

制粒机常见故障及排除方法见表20。

**表20 制粒机常见故障及排除方法**

| 故障现象 | 故障原因 | 排除方法 |
| --- | --- | --- |
| 运行中电机停 | 1. 保护装置切断<br>2. 热继电器跳闸 | 1. 复位或检查保护装置<br>2. 复位热继电器 |
| 压辊不转 | 1. 压辊与压模间隙过大<br>2. 压辊轴承坏 | 1. 将压辊与压模的间隙调节适当<br>2. 拆下更换轴承 |
| 电机运转但不出料 | 1. 搅拌器不送料<br>2. 蒸汽添加过多<br>3. 工作间隙太大<br>4. 压模孔堵塞<br>5. 压辊不转<br>6. 安全销断但没停机 | 1. 检查搅拌器<br>2. 调整蒸汽添加量<br>3. 调整压模与压辊间隙至0.2毫米左右<br>4. 人工通孔<br>5. 检查或更换压辊<br>6. 更换安全销 |
| 生产率不高 | 1. 喂料量少<br>2. 模孔部分堵塞<br>3. 物料含纤维多<br>4. 新压模模孔光洁度太低<br>5. 配方中骨粉或糠麸含量太大，影响产量 | 1. 增加喂料量<br>2. 清理模孔<br>3. 改配方或在配方中加油脂<br>4. 用沙或干玉米等打磨<br>5. 改进配方 |

续表 20

| 故障现象 | 故障原因 | 排除方法 |
| --- | --- | --- |
| 压粒不成型 | 1.蒸汽添加不当<br>2.粉料中含油脂过多<br>3.压模孔磨光,成型阻力太小<br>4.蒸汽质量不好<br>5.切刀调节不当 | 1.调节蒸汽添加量<br>2.黏结性差,更改配方或加入黏合剂<br>3.更换压模<br>4.调节蒸汽系统<br>5.调节切刀,使切刀远离压模 |
| 电机过热 | 1.喂料流量太大<br>2.频繁堵机或启动<br>3.带载启动<br>4.电机或线路原因<br>5.机械设备故障<br>6.电机轴承缺油或损坏 | 1.减少料流量<br>2.避免堵机,不要频繁启动<br>3.清除压模内余料后启动<br>4.检查电机或电源线路<br>5.检查制粒机运转部位<br>6.加油或更换轴承 |
| 噪声异常 | 1.轴承磨损严重,间隙过大<br>2.齿轮箱中缺油或个别件松动<br>3.压模压辊间隙没有调整好<br>4.压模松动或压辊松动 | 1.更换轴承<br>2.加油或紧固<br>3.正确调整压模压辊间隙<br>4.检查并紧固 |
| 安全销断 | 1.压模压辊间嵌入异物<br>2.自制安全销质量达不到要求<br>3.喂料太多<br>4.带载强行启动 | 1.排出异物<br>2.使用合格安全销<br>3.减少喂料量<br>4.按操作规程操作 |

## (四)铡草机

铡草机也称秸秆切碎机,主要用于切碎谷草、稻草、麦秸和玉米秸等粗饲料。

1.选型

铡草机按机型大小可分为小型、中型和大型。小型铡草机适用于广大农户和小规模饲养户,用于铡碎干草、秸秆或青饲料;中型铡草机也可以切碎干秸秆和青饲料;大型铡草机常用于规模较大的饲养场,主要用于切碎青贮原料。

铡草机按切割部分型式可分为滚筒式(图 50)和圆盘式(图 51)两种。小型铡草机以滚筒式为多,且多为固定式;大中型铡草机为了便于抛送青贮饲料,一般多为圆盘式,为了便于移动和作业,常装有行走轮。

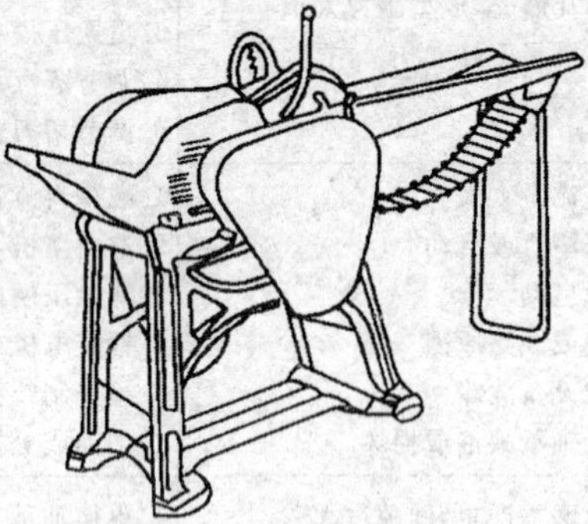

图 50　滚筒式铡草机

图 51　圆盘式铡草机

2. 结构和工作过程

(1)滚筒式铡草机

滚筒式铡草机由输送装置、喂入机构、切碎器、定刀、抛送叶片、传动机构和机架等部分构成，如图 52 所示。

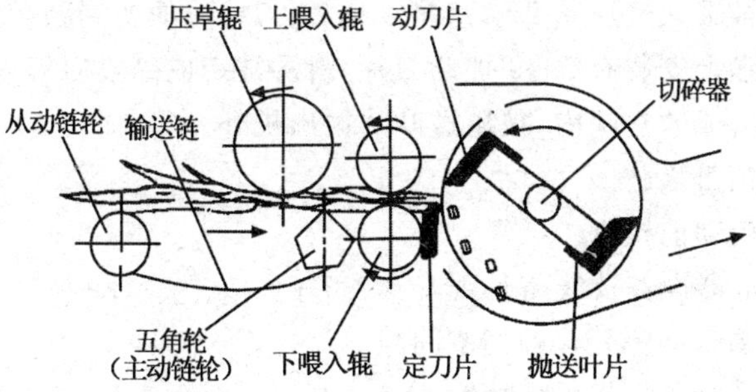


**图 52　滚筒式铡草机结构**

滚筒式铡草机工作时，秸秆由人工铺放在输送槽链上向喂入口输送，由压草辊初步压紧，再由转向相向的上下喂入辊夹紧，以一定的速度送至切碎器，秸秆在定刀的支承下被旋转着的动刀切断成碎段，随之由抛送叶片抛出机外。

（2）圆盘式铡草机

圆盘式铡草机主要由喂入链、上下喂草辊、固定底刀板以及由切刀、抛送叶板等构成的刀盘组成，如图 53 所示。

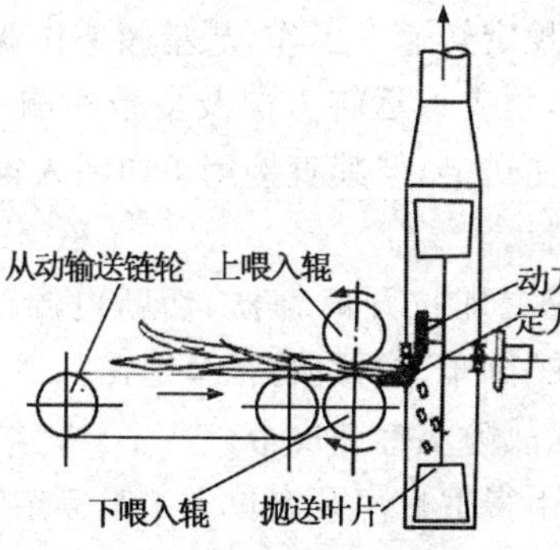


**图 53　圆盘式铡草机结构**

圆盘式铡草机工作时，将青贮玉米均匀地铺放在输送槽上，青贮料层被喂入辊压紧并匀速向以动、定刀构成的切割副送进，旋转着的刀盘上安装有 2～6 把动刀片，料层被切成碎段后落入切碎器与机壳构成的空间内，被抛送叶片抛出机外。

3. 使用操作

①启动前检查。

a. 电器设备及线路是否安全、完好。

b. 调整动定刀片的切割间隙。

c. 选择和调节切碎段长。

d. 检查各部位紧固螺栓，切碎器上的动刀片是否有裂纹、严重磨损及变钝，固定螺钉是否紧固，并予以排除上述缺陷。

e. 按机器使用说明书规定，对轴承加注润滑油和润滑脂。

f. 检查及处理完毕，盖好防护罩，转动主动皮带轮，察看转动是否灵活，有无碰撞及异常声响，待确信正常并机内无异物后方可开车。

②启动切碎机，空运转 2～3 分钟，检查切碎器转动方向是否正确，有无异常声响。如运转正常方可合上离合器，再检视喂入辊、压草辊、输送链是否运转正常，确信正常方可喂入饲料。

③机器必须在规定转速下工作，严禁超速作业。

④机器运转时，顺皮带运转方向及皮带两侧不准站人。严禁擅自卸掉压草辊和输送链，严禁直接用手向喂入辊喂料，严禁穿着宽松袖口的衣服喂料。

⑤发现堵草，应立即拉开离合器、切断电源，停车，清除堵塞物；或将离合器放在“倒车”位置，将饲草退出。严禁机器运转时用手去推堵塞物、排除故障或拆卸皮带。

⑥启动后机手不得擅自离开岗位。工具等杂物不得放在料堆或机器上，用完即应清点并放入工具箱，以免进入机器引起事故。

⑦机器必须指定专人负责操作，非机手严禁开车。机手应熟悉机器操作安全规程，并模范遵守。

⑧夜间作业应有充足的照明。

⑨作业结束，应切断电源，清除泥垢及其他杂物，露天长期停放应有遮阳避雨的措施，避免机器受潮损坏。

4. 维护保养

①经常检查各紧固件有无松动，并予以拧紧。

②加强对轴承座、联轴节、传动箱的维护保养，定时加注或更换润滑油、脂。

③对切割间隙可调的铡草机，要根据作物茎秆的粗细合理调整切割间隙，保证铡草机正常工作。

④发现刀片刃口磨钝时，应用油石对动刀片进行刃磨。

⑤每班作业完毕，应及时清除机器上的灰尘和污垢；每季作业结束后，应清除机器内杂物，在工作部件上涂上防锈油，置于室内通风干燥处。

5. 故障排除

铡草机常见故障及排除方法见表21。

**表21　铡草机常见故障及排除方法**

| 故障现象 | 故障原因 | 排除方法 |
| --- | --- | --- |
| 喂入困难 | 1. 喂入辊缠草<br>2. 上喂入辊浮动不灵活 | 1. 停车清理<br>2. 修理支座导槽 |
| 机器运转不灵 | 1. 转动件缠草<br>2. 滚珠轴承破碎<br>3. 缺润滑油 | 1. 停机清除<br>2. 停机更换新轴承<br>3. 按时加油 |
| 输送链运转不灵 | 1. 链环出槽<br>2. 输送链“跑偏”<br>3. 五角轮磨损打滑<br>4. 五角轮固定螺钉松动<br>5. 输送链装反 | 1. 重新安装链环<br>2. 卸下输送链，调整左右一致<br>3. 更换五角轮<br>4. 拧紧固定螺钉<br>5. 折边应指向喂送前方 |
| 碎段长短不齐 | 1. 刀片磨损变钝<br>2. 刀片间隙过大或不均<br>3. 喂入辊弹簧力不够 | 1. 磨锐刀片<br>2. 重新调整切割间隙<br>3. 调整或更换弹簧 |

续表 21

| 故障现象 | 故障原因 | 排除方法 |
| --- | --- | --- |
| 堵草 | 1.喂入量过大<br>2.下喂入辊与过桥梳齿间塞草<br>3.下喂入辊缠草 | 1.停车排除或“倒车”反转<br>2.停车清除<br>3.停车清除 |
| 有异常响声 | 1.切碎腔内有异物<br>2.“啃刀”—动定刀相碰<br>3.传动齿轮“掉牙” | 1.停车检查,清除<br>2.重新调整切割间隙<br>3.停车检查,更换齿轮 |

# 八、果蔬加工机械

果蔬从分级、清洗到杀菌、灌装等工序都有加工机械，随着科学技术的进步，果蔬加工机械也会逐渐向着通用、集成、配套和自动化方向发展。果蔬加工机械种类繁多，常用的是水果分级机、水果清洗打蜡机、切菜机和脱毛机。

## (一)水果分级机

水果分级机适用于对苹果、橙等水果及马铃薯、番茄等球形蔬菜进行筛选和分级。

1. 选型

水果分级机按工作原理可分为大小分级机、重量分级机、果实色泽分级机和既按大小又按色泽进行筛选的果实色泽大小分级机。

果实大小分级机应用最为广泛，其选出果实大小形状基本一致，有利于包装贮存、加工处理和分级销售，如图 54 所示。

图 54　水果分级机

水果分级机没有统一的命名规则，因生产厂家而异。部分机型及主要技术参数见表22。

表22　部分机型及主要技术参数

| 型号 | XGJ-SZ | SECD-10 | FREWS-T2 |
|---|---|---|---|
| 生产厂家 | 山东龙口凯祥有限公司 | 江西信丰绿萌农业发展有限公司 | 北京福润美农科技有限公司 |
| 分选级别 | 10 | 16 | 12 |
| 分选范围(克) | 20～1 500 | 9～1 999 | 35～700 |
| 分选速度(个/小时) | 9 600 | 30 000 | 9 000 |
| 额定功率(千瓦) | 1.1 | 8.5 | 4 |
| 工作电压(伏) | 380 | 380 | 380 |
| 外形尺寸(毫米) | 6 000×1 800×1 000 | 19 200×2 100×1 200 | 17 800×7 800×8 000 |

在选择合适机型上应充分考虑机器的占地面积、价格以及水果种类和分级级别等。

2.结构和工作过程

水果分级机主要由水果储料槽、水果排序输送带、水果分选机构成。水果品种不同，分级数也不尽一致，梨一般分为3～4级，苹果分为5级。

水果大小分级机工作时，输送带带动果实移动排序，均匀进入分选机构，当果实直径小于分级辊网格间隙时，则顺间隙掉入水果槽，最小果实先从最小网格漏出，较大果实从较大网格漏出，按网格尺寸的差别，依次选出不同级别的果实。

3.使用操作

①开机前应检查各转动部件螺栓，是否松动及传动部分有无障碍物，确认无误时方能开机。

②开机后进行空机运转3～5分钟，并察看有无异常现象，若出现异常应立即停机修复。

③投料箱的闸门不宜开的过大，保持合适的投料速度防止投料过大造成撒堵苹果和影响个数幅度的规格。

④当筛选出各种规格的水果时，应及时计量其个数幅度是否符合要求，若有差异应调换分级辊或筛片，待完全符合标准后方能成批生产。

## （二）水果清洗打蜡机

水果清洗打蜡机可以除去水果中残留农药、尘土泥沙、微生物、虫和卵等，并在清洗之后的水果表面上涂上一层食用蜡。水果清洗打蜡机的作用是清除污染物，并且保鲜，防止水分散发，延长货架期。

**家用清洗水果方法**

用偏碱性的水清洗，可以破坏残留的农药，降低其毒性。一般在500毫升清水中加入食用碱5～10克配制成碱水，将初步冲洗后的果蔬置入碱水中，根据菜量多少配足碱水，浸泡5～15分钟后用清水冲洗，重复洗涤3次左右效果更好。

1. 选型

水果清洗打蜡机没有统一的命名规则，因生产厂家而异。常用机型及主要技术参数见表23。购买者应根据占地面积、使用规模来进行选择。

**表23　常用机型及主要技术参数**

| 型号 | QXDLJ-Q | RMFW-100 | KDXLF-5 |
| --- | --- | --- | --- |
| 生产厂家 | 山东龙口凯祥有限公司 | 江西信丰绿萌农业发展有限公司 | 湖北大地农业机械有限公司 |
| 清洗效率（吨/小时） | 5 | 1.2 | 5 |
| 损果率（%） | ＜4 | ＜2.5 | ＜5 |

续表 23

| 型号 | QXDLJ-Q | RMFW-100 | KDXLF-5 |
|---|---|---|---|
| 额定功率(千瓦) | 13 | 2.3 | 18 |
| 工作电压(伏) | 380 | 380 | 380 |
| 外形尺寸(毫米) | 18 000×1 700×1 900 | 2 000×1 400×1 400 | 28 500×2 300×2 500 |

2. 结构和工作过程

清洗打蜡机主要有传送装置、清洗槽、打蜡装置和鼓风机等组成,如图 55 所示。

图 55　水果清洗打蜡机

工作时,水果经过清洗槽清洗,或雾状、喷淋清洗,然后提升到毛刷擦干区,软毛刷擦干(可带风干),进入到打蜡区,对水果进行打蜡抛光,之后烘干,最后送入到出口处。

3. 维护保养

①整机转动部件均安装单列向心球轴承,应按期检查注入润滑脂(黄油)。

②传送带的胶带有时因外界因素容易出现跑偏,应随时拧紧或放松调整螺母进行调正。

③链轮链条部分应按时将润滑脂漫在布条上,均匀少量的涂在链条上,切勿用机油进行润滑。

④链轮与链条转动期间注意将紧链轮靠紧链条，勿使链条过松，防止滑齿造成震动和过大噪声。

## （三）多功能切菜机

YQC-1000不锈钢切菜机适用于各种根茎叶类蔬菜和海带类、豆制品的加工。其主要技术参数：功率1.5千瓦；电压220/380伏；外形尺寸1 300毫米×510毫米×1 050毫米；净重340千克。

1. 主要结构

YQC-1000多功能切菜机主要有机架、输送带、压菜带、切片机构、调速箱和蜗轮调速机构组成，如图56所示。切片机构用于瓜薯类硬菜的切片，切片厚度可在一定范围内自动调节。竖刀部分可将叶类软菜加工成不同规格的块、丁、菱形等各种形状，切菜长度通过可调偏心轮在一定范围内任意调整。因竖刀模拟手工切菜原理，加工表面平整光滑，成型规则，被切蔬菜组织完好，保持新鲜。

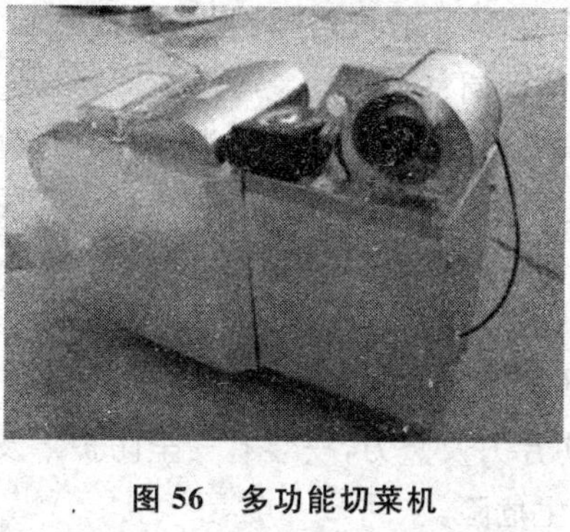

图56　多功能切菜机

2. 安装调试

①将机器放置在水平的工作场地，确保机器工作平稳可靠。

②使用前对各部位进行检查，紧固件是否在运输途中松动，开

关及电源线是否因运输而破损，并及时采取相应措施。

③检查旋转料筒内或输送带上是否有异物，如有异物清理干净，以免引起刀具破损。

④确定电源电压与本机额定电压相符合。在外置接地标记处可靠接地，将电源软线伸长找专业电工将机器电源线接在全极断开大开距电源上，接通电源，按下“ON”按钮，检查转向，V带轮的转向与标识一致为正确。否则切断电源，调整接线。

3.使用操作

(1)试切

观察所切蔬菜规格与要求规格是否一致，否则应调节切片厚度或切菜长度，符合要求后进行正常工作。

(2)安装竖刀

把竖刀放在定刀板上，刃口与定刀板下端平行接触，定刀板销在刀架上，紧固切刀螺母，拆下定刀板即可。

(3)切菜长度调整

观察控制面板上显示的长度数值与要求长度是否相符，增加长度时按增长按钮，减小长度时按减小按钮。

(4)其他切菜机调整

转动可调偏心轮，松开连杆紧固螺钉，切细丝可由外向里移动支点。切粗丝时可由里向外移动支点，调好后紧固调整螺钉。

此外，调整切片厚度，根据不同蔬菜选择适合转速，以达到理想的切菜效果。

4.安全事项

①产品的切片刀及竖刀，安装有安全防护罩及防护网，不要随意拆除，以免发生危险。

②机器运转时，切勿将手靠近切刀或伸进安全防护网下，切勿将手置于输送带或压菜带上，切勿进行任何形式的维护和保养，以免造成人身伤害。

③维修机器时，切勿启动开关，以免发生危险。

5. 维修保养

所有的维护和保养工作都必须在切断电源的情况下进行。

①每次用完后，对机器认真清洁卫生，清洁时不得用锐器清理输送带及压菜带，也不得用喷水管清洁。

②输送带与压菜带如发现松滑，调整涨紧螺栓或调整弹簧压力至适当位置，带两端的拉力或压力应基本相等，否则输送带或压菜带就发生跑偏现象。

③检查三角带的松紧和磨损情况，并及时调整和更换。当三角带松动时，松开涨紧机构螺栓进行调整，使三角带涨紧后紧固螺栓。

④每班往齿轮、链轮、棘轮上注油一次，选用 20 号机油，每次加注量以十滴为宜，轴承内的润滑脂，根据使用情况适量添加和更换，选用钙基脂。

⑤在机器工作中。如果机器声音不正常时，必须立即停车检查，待故障排除后，方可继续工作。

⑥运输过程中，严禁磕碰、歪倒、倒置，以免损坏机器影响使用。

⑦长时间不用时，要贮存在干燥、无腐蚀性气体的环境中，不要与腐蚀物接触，以免产品受损。

6. 故障排除

切菜机常见故障及排除方法见表 24。

**表 24　切菜机常见故障及排除方法**

| 故障现象 | 故障原因 | 排除方法 |
| --- | --- | --- |
| 竖刀刮输送带 | 可能转向不对 | 将电源线倒相 |
| 机器转动停滞 | 皮带松动或破损 | 涨紧或更换皮带 |
| 机器噪声变大 | 轴承或齿轮损坏 | 更换轴承或齿轮 |
| 蔬菜切面不光 | 刀具损坏 | 刃磨或更换 |
| 输送带不走或切菜长度不均 | 棘轮零件损坏<br>连杆在可调偏心中心 | 更换棘轮零件或调整整套更换或更换小件 |

## (四)猕猴桃脱毛机

猕猴桃脱毛机分脱毛区和喷雾区。脱毛区是利用上下毛刷辊间的间隙,将物料上的毛清理干净。喷雾区是利用喷油管对物料进行上光打蜡。该机设计先进,适用于各种果蔬表面的刷洗。

该机由进料斗、下毛刷辊、吸风机、上毛刷辊、集毛斗、油泵、油箱、上传动减速机、调节手轮、喷油管、下传动减速机等组成。

加工时,由人工上料或提升机上料,物料从上下毛刷辊之间进行刷毛,物料利用毛刷的自转向前推进,从而将物料表面的毛刷干净。物料出了脱毛区后就会在下毛刷辊的带动下进入喷雾区上光打蜡。脱毛区下方设有吸风机,并设有集毛斗,以防止脱后的毛残在毛刷辊上,影响脱毛。同时该机可通过调节手轮调节上下毛刷辊之间的间隙。

# 参考文献

[1] 李烈柳. 农产品加工机械使用与维修. 北京:金盾出版社,2009.
[2] 庞声海,饶应昌. 饲料加工机械使用与维修. 北京:中国农业出版社,2006.
[3] 李长河. 农副产品加工机械使用技术问答. 北京:人民交通出版社,2006.
[4] 朱良,刘恒新.小型农机具选购使用维护指南. 北京:中国农业出版社,2006.
[5] 丁进松.新编饲料生产工艺宝典. 哈尔滨:黑龙江文化电子音像出版社,2006.
[6] 路进乐.常用农机具使用与维护.石家庄:河北科学技术出版社,2011.
[7] 江西工业贸易职业技术学院网. http://www.jxgmxy.com.
[8] 果蔬机械网. http://www.gsjx.org.